SKYLINE

天 际 线

望远　知新

果园小史

全彩插图本

[德国]贝恩德·布鲁内尔——著

肖舒——译

译林出版社

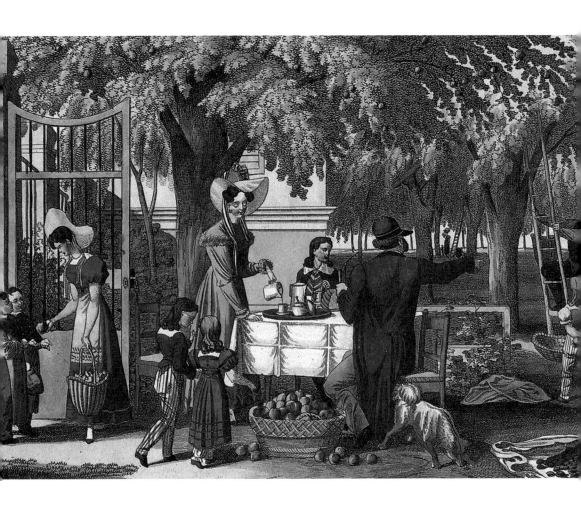

我们希冀怎样的果园?

　　我们都是直接或间接吃果子长大的！"没好果子吃"，在俗语中有警告意味。世上不会无缘无故长出果子，果子需要培育，需要广义的"果园"。

　　不只智人吃果子，其他动物、菌类早就享用它们了，它们比我们更了解果子。但只有"智人"一本正经地、大规模地栽种某些植物并食用其果子。大致说来，果园的建立体现着"智人"这一物种对其他植物物种的观察、利用、养护和选育。何谓果园？给出一个大家都接受的简单定义并不容易。分类与目的、用途紧密相联。再科学的分类，也无法全面代替、淘汰民间的实用分类。果园与一片林子、种植园、菜园、农场及各种专业植物园总是存在着交叉。

　　人们通常吃的果子，狭义地看是树木开花后结出的果实，即乔木、檄木（特指棕榈一类树木）、灌木结出的可食用果实。而广义的果子包括地下的块根、块茎及地表的果实，不限木本植物，也与大量草本植物有关。提取共性，剩下什么呢？大概是某种或圆或长，有一定长度、体积和硬度的，具有自然表面的植物的可食部分。可是，即使按广义的理解，也不是所有可食的果实都算作果子！比如作为主粮的植物果实就不算，没有人把高粱、大豆、玉米算作果子，马铃薯、红薯自然也不算。但禾本科的"水果玉米"、菊科的"雪莲果"可能模糊一点，前者是植株上结的棒子，后者是地下块根。

　　人类个体在成长中体认水果、坚果、果蔬、花园、果园的异同，需要漫长的过程。了解相关植物驯化、栽培的历史，植物学上的分类，进一步理解各地的文化，也不是容易的事情。伊甸园是花园也是果园。伦敦的邱园、西双版纳的热带植物园是植物园也是果园。专门性的柑橘园、杧果园、樱桃园、苹果园、葡萄园、香蕉园，在现代世界已经很常见。

　　小时候住在东北，我家房子周围有一株巨大的梨树、五株山楂树、十余株李子树。这算不上果园，外圈没有篱笆，很少修剪，不施肥更不会喷农药。果树是外公栽的，他从哪弄来的苗木不得而知。梨仅一个品种，个头小但品质极好，果肉细腻且非常甜；山楂也只有一个品种，与附近山上的野生山楂相比果实更大果肉更多，相当一部分会被灰喜鹊吃掉；李子则有多个品种，有水李子、干碗儿、大红袍等。这三类水果一家人每年根本吃不完，也不会特意存贮，鸟和虫也来吃，吃剩的任其掉落、腐烂，不会觉得可惜、浪费，因为下一年会自然生长出来。此外，每年不同季节还会采集周围山野中生长的果实：牛叠肚、秋子梨、东北李、山楂、五味子、稠李、山荆子、东北蕤核、软枣猕猴桃、狗枣猕猴桃、山葡萄、胡桃楸、榛、毛榛等，后三者是吃其果仁的。整体上，小时候我并没有特意区分栽培的与野生的，也没有把植物果实与植物茎叶，甚至与大型真菌（蘑菇）区别对待。在那个年代，它们都是普通食物，自然到来，适时采摘，带来一次又一次的念想，解决一轮又一轮的饥饿，留下快乐的记忆。与粮食和栽培蔬菜相比，果实与茎叶一样，差不多是大自然直接给予的，而玉米、马铃薯、花生、香菜、茄子、辣椒等是远方来客，要专门打理，周围山野中找不到类似物。生产队有集体所有的各种果蔬园，栽种的主要是沙果、葡萄、花盖梨、花生、香瓜、西红柿、黄瓜、胡萝卜、绿萝卜等。这是孩子们称得上"果"的东西，因为它们可以直接食用。白菜、葫芦、辣椒、麦子、玉米、高粱、土豆是不算"果"的。

"果"分"水果"和"干果"，当然这只是从吃的角度来粗略地划分。在不同国家、不同文化中，"水果"的含义确有差异，比如西红柿、椰子、黄皮、人参果（*Solanum muricatum*，茄科的香瓜茄）、刺角瓜（*Cucumis metuliferus*，葫芦科的一种像黄瓜的植物）、水椰（*Nypa fruticans*）、糖棕（*Borassus flabellifer*）、红果参（*Cyclocodon lancifolius*，桔梗科的轮钟草）、多依（*Docynia indica*）在许多地方不算水果。水果、坚果具体叫什么名字，其实无所谓，不需要完全统一为科学家的叫法，但指称关系不能马虎。其实，科学家的叫法也经常变，不但变，而且变得很频繁（相当一批植物的正式名、拉丁学名都被反复整理、改造过）。相对而言，俗名未必很雅，指称却相对稳定。公平而论，各种名字都有存在的道理，但使用时要细心。

吃果子有门道。什么时候吃哪里出产的什么水果，需要心中有数。稀里糊涂吃果子，自然也没问题，照样果腹、解馋。但用点时间，稍加探究，便可吃出果子的文化，并可部分"预测"未知果实的味道。最基本的要求是，知道所食用水果或干果的名称。在信息网络时代，名字是重要的关键词。不限于学名、正规名，地方名也可以，如前所述，重要的是名实对应准确。也不需要把各个品种都分得一清二楚（专家也不容易做到），在大类上不犯糊涂即可。要做到这一点，可学一点植物学、博物学。

植物分类学涉及多个分类层级，吃水果不需要"界门纲目科属种变种变形栽培变种"等都门清，比较关键的一点是了解其中的"科"（family）一层级。通过各类果实所处的"科"，能大致把握或者猜测某水果的特点，反过来也能借此掌握必要的植物学知识，推广到其他植物。最好从熟悉的种类开始，结合叶、花、植株来观察更好（但相当情况下见果不见花和叶）。能食用的果实数不胜数，通常超市中可以购买到的种类不会太多（某些"奇怪"水果可从网上购买到），到某地旅行可特别注意当地出产的野果。

水果会变得越来越好吗？杜鹃花科越橘属水果蓝莓在中国市场上以前并不常见，偶有出售，但价格高得离谱。虽然中国有野生的笃斯越橘、越橘，但仅仅是一种本地野果。后来中国从美国引进同科同属的高丛蓝莓果苗，中国的土地上也生产出了商品化的蓝莓，价格便一下子跌了下来。百姓能吃到以前无法吃到的东西，花费又不多，这当然是好事。但并非一切都在向好的方向转变。农场主、果园主"永远选择最优秀的品种进行播种"，似乎很正确。为了下一代结出好果实，难道不要留出好种子、好苗木吗？动机或许没错，操作起来就没有那么简单了。什么叫"好"，有时难以准确界定。许多人能够体会到，现在的西红柿通常中看不中用，不如小时候吃的口感好，不知是什么原因。也有若干解释，一是那时候可食的果品较少，吃什么都香甜，不同时间的感受难以恰当比较。另一种解释是，西红柿质量确实变差了！

在现代社会，西红柿品种的选育尽可能利用"还原论"科技的高超手法，首先满足的是资本增殖的需要。资本与科技相当程度上主宰着智人能够吃到什么甚至形塑着大众的口味。它们的利益与食客的利益有时一致有时不一致。这提示人们，无论是自然选择还是人工选择，都只是局部适应，都存在着风险。要降低风险也有办法，应当尽可能保持多样性，保护好当下看起来无用、非优异品质的遗传资源。如果不全面考虑，有些好品种可能会迅速消失。维护多样性，需要妥协、投入和眼光。

我们可以尝试从生态学角度来认识果园。福建乡村的一个普通柚子种植区，因为大量施肥导致当地土壤污染与整个流域河水污染。为增加产量，过量施用化肥，果树只能吸收一小部分，相当多化学物质渗入地下，一部分排入河流。麻烦在于，当人们搞清楚机理，仍然难以应对。恶果是一点一点累积的，当下没有太好的解决办法。果农靠果树吃饭，不施肥或少施肥不行。食客很在乎水果的品相，不打药或少打药不行。

按博物学大师威尔逊"半个地球"的原则，凡事留一半，开辟果园也一样，一个山头最多只能将其一半开垦为果园，另一半要保持野性。亚洲栗为何比美洲栗抗病性强？很可能是因为亚欧大陆足够大、病菌足够多，这里的多种栗树长期与病菌进行周旋，达成了共生。而美洲不一样，美洲栗没接触过厉害的板栗疫病菌（*Cryphonectria parasitica*），初次见面就几乎全军覆没：半个世纪中就有40亿株功能性死亡。这就像欧洲人到美洲到夏威夷群岛，带去了当地人没有抵抗力的病菌，令当地人大批死亡一样。幸运的是，夏威夷人、印第安人和美洲栗并没有死光，剩下的则有了一定的抵抗力。这也启示人们，果园不能搞得"太干净"、太封闭，平时就应当让它与各种病菌有一定的接触，重要的是让现在的果树经受锻炼，不行的早早淘汰，从而选育出抗病植株。可是，这样做会影响当下的产量和果品质量，这就需要权衡，想出更多办法。不管怎样，随着人类世的推进，果园、种植园的生态化，是必须抓紧考虑的事情。

其他动物、菌类的行为不大可能灭绝某种果子，但智人可以做到。而干出这类坏事，通常出于善良目的。智人是盖娅生态系统的一员，自认为比较聪明，其破坏行为恰恰出于自己的若干小聪明。为防止局面向更恶劣的方向演化，需要在各级教育中和日常生活中融入生态学的内容。

有的果园已存在几百年甚至上千年，但毕竟是极少数。一般而言，果园是短命的，如作者贝恩德·布鲁内尔（Bernd Brunner，1964— ）所言："果园的存在从本质上来说都是暂时的。"（见本书"前言"）只要不精心照料，果园很快就会死掉，因为它对智人已经产生了依赖性。多数果园都面临一些棘手问题：化肥和农药过度使用、水土流失、生物多样性降低、抗病性差（大面积单一种植蕴藏着巨大风险，比如马铃薯、美洲栗大批死亡）。人工选择可能是短视的，只考虑了一阶影响而没有充分考虑二阶和三阶影响。若大尺度考虑，必须同时保护果树资源，让同属的"非优良"物种和品种能够良好地持久生长下去，而要做到这一点就不能过分追求当下的利益，必须维护比较自然的生态。

为了多产果或便于采摘，果园中的果树要不断修剪，通常被弄得遍体鳞伤，过若干年就得全部更新一遍。多数果木是通过嫁接、组培等无性过程扩繁的。无性繁殖有诸多好处（直接继承某些优良性状），但这样做不可能只有好处而无坏处。长此以往，相关植物的自然有性繁殖就会变得困难，遗传多样性也会降低。有些种类，只要人类不再继续进行无性繁殖操作，它们就可能永远消失。

如果生态不健康，食物品质不会好，最终也会影响到智人的身体。智人若指望长久吃上好果子，就需要有"变焦思维"，在不同尺度上考虑"因果链条"。智人需要敬畏自然、善待土地，需要了解食物、尊重食物。《果园小史》这本书里也探讨了一些让果园回归"野性"的例子，相信读者读后会有一些启发。

刘华杰

北京大学哲学系教授

博物学文化倡导者

2023年5月21日

CONTENTS

目　录

缘 起

　　亨利·戴维·梭罗曾经说过，"当人迁徙时，不仅会带鸟儿、四足动物、昆虫、蔬菜和专属佩剑，还会带上他的果园"。历史上，人们在果树栽培领域的努力串联起不同地区和大陆，直到今天也依然如此。由此可见，果树培育牵涉到时间、地形和国家这些因素间的相互影响。本书概述了历史上曾经存在过的各类果园及果园的结构原理。毕竟，果园的形态反映了该历史时期的环境条件。笔者将尽力为各位呈现人类在果树间生活与劳作的景象，以及果树所启发的人类思想。

　　各类植物（和树木）的种植地点通常分为两类，一类是符合审美追求的观赏景点，一类是注重收成的生产场所。按照这个标准，景观花园是艺术品，而华盖似的树荫下鼓起鲜亮水果的种植园则是劳动果实。实际情况果真如此泾渭分明吗？难道果园注定与美景无缘，即便不实行大规模种植的果园也是如此？在本书中，我们将探索把这些本应清晰的界限变得模糊的花园和果园。毕竟，这些空间由各式各样的元素塑造而成，包括光影变幻、漫步的旅人眼前徐徐展开的小径、小坐休憩之处，或许风雨忽来时有可供躲避的小木屋，又或者会出现一架秋千。

但是，不管设计多么绝妙，人们在此挥洒了多少心血，或者产量有多么喜人，果园的存在从本质上来说都是暂时的，尽管它在人类聚落附近可以存在数十年之久。随着流行风向转变，人类会改变获取食物的来源；又或者果园主人搬走，无人接手打理，其他植物鸠占鹊巢。最终，果园的一切痕迹都会湮灭。不过，就算地图上再也不会出现已然消失的果园，它们的确曾经存在过。它们铸造了一段历史。

或许我们可以将果园看作某种舞台，无论主人是谁，这里都上演着果树及其照料者之间独一无二的剧情。从这个角度来想，果园邀请我们共同欣赏了一出果子如何在动物、人类和其他植物陪伴下生长乃至成熟的精彩大戏。

几年前，笔者在一本法国出版的关于果树栽培史的书中读到一篇文章，成了写作这本书的契机。那篇文章话题多元，其中一部分谈到约旦河谷北部的雅各布女儿桥考古遗址。研究人员在那里发现了石头工具和多种生物遗骸，其中包括不同种类的水果和坚果，有橡子、扁桃仁、荸荠和大西洋黄连木（*Pistacia atlantica*），后者是一种与开心果

有亲缘关系的常绿灌木。

　　据预测，雅各布女儿桥遗址发现的生物遗骸有30万年历史。这个数字令人难以置信，我不得不反复确认。这意味着这些考古发现来自旧石器时代，即智人从非洲热带草原迁徙至此前约10万年。当时，欧洲和北美洲有一半土地覆盖在永冻层之下。更有甚者，近期研究显示这些遗骸中有一部分或许能追溯到更久之前。

我隐约怀疑自己曾有幸亲身体验过该地区的生活,在查阅地图后终于得以确认,发现20世纪80年代中期我就在以色列北部的加利利湖附近。当时,我在湖北边的阿米亚德基布兹[1](阿米亚德意为"我永远的人民")待了几个星期,离约旦和戈兰高地不远。雅各布女儿桥遗址就在离我6英里(约10千米)多一点的地方。

阿米亚德种植的果树并非本土物种。我被派到的任务是帮忙采摘其中一种外来植物的果实——牛油果。这种富含营养的梨形水果起源于墨西哥丛林,从那里流传到巴西,现已灭绝的大地懒很可能曾帮助其传播。考古证据显示,早在公元前约6000年左右人们就已经开始食用这种果实,不过直到约1 000年后才首次积极尝试栽培牛油果树。由于果子外皮很像爬行动物的皮,英语中一开始将它们称作"鳄梨"。

阿米亚德基布兹内的牛油果园有几百棵果树,坐落在主生活区外沿。这些6英尺(约2米)高的果树一行行有序排列,长枝四散,树间距和树高差不多。我们只能靠长柄夹摘取大多数果子,也需要时不时爬到树上,一头扎进枝干间,艰难地穿过张牙舞爪的牛油果树那茂密的墨绿色叶子,将石头一般硬的牛油果从枝头拽下,往往得靠拧才行。每天晚上,餐桌上都会出现成熟牛油果的绿色果肉,口感如同黄油一般。我很快厌倦了牛油果的味道,它们的高热量也在我身上显现,然而没有太多可替代的选择。在果园发展史上,产能过剩是常见问题。我也很快发现,人们能想出各种各样的奇思妙想来加工水果和坚果,丰富它们的味道和口感,使得它们可以一年四季出现在餐桌上。可惜,尽管如此,人们最终还是会和我一样感到自己的饮食单调乏味。

果园小史

之前提到的那篇法语文章撩拨得我心痒痒的，似乎总在促使我进一步展开调查。早在那么久以前，遗址中发现的那些古老水果和坚果就已经被人采摘，这令我啧啧称奇。尽管我们无法确认是哪一群早期人类留下了这些遗骸（直立人、海德堡人，甚至即将出现的尼安德特人都有可能），可以肯定的是，即便是在旧石器时代初期，我们的远古祖先已经在采摘和加工来自大自然的馈赠。

我联系了这篇文章的作者、植物考古学家乔治·威尔科克斯，向他打听这片遗址。他告诉我，叙利亚、土耳其和其他地方的人直到今天依然在食用和使用我们的远古祖先享用过的大西洋黄连木果实。石器时代之后，大西洋黄连木所代表的一系列果树为珍视它们的社群所做出的贡献远远不止于提供食物。它同时具备贸易和娱乐价值，直到今天依然如此。它的汁液可以加工成酒、药物、香水和熏香。它的树皮含单宁，可以用来处理动物皮革；它强健的根系可以有效预防干旱多灾地区的水土流失。黄连木属中另一种树——阿月浑子（*Pistacia vera*）的果实就是我们今天所熟悉的开心果。在土耳其东部地区，人们将阿月浑子嫁接到大西洋黄连木的砧木上，因为后者是本土植物，更加强壮结实。

我之所以开始回溯果园的发展史，是为了进一步了解果树和人类如何相互依存、共同进化。这个共生的过程同时改变了双方。显然，人们通过食用美味的水果改善了饮食，生活质量也因此提高。反过来，人类影响了果树的结构和结出诱人果子的能力，令果树更有吸引力。除了果树和水果之外，人们也与果园所在的土地产生联系，他们不仅在这片土地上播种、灌溉、丰收，也在此交谈、生活、享乐。

根据我们已知关于农耕起源的一切信息，果树栽培往往伴随着人类在附近安居乐业。果园成为固定的生产性园地，被标出边界，成为某个特定家族或氏族的财产。不管这些宝贵的果树和灌木扎根于何处，果园主人总能找到办法采摘它们的成果。人们从枝头拔下果子；用齿形工具从灌木丛中梳理出浆果；把苹果、樱桃和李子从枝头摇落；甚至还会敲打树干让坚果和橄榄掉入网中或滚到地上。今天的我们在果树下漫步或穿梭于橄榄林中，听到风拨动树叶的"飒飒"声，此时只要施以一点想象力，脑海中就会浮现出古人的画面——他们四下忙碌，尽情享受新鲜的收成，或是将所得加工成油或果干，待到更加贫瘠的季节再从中摄取营养。

岁月长河流淌，水果的生物进化伴随着漫长的历史演变，足可与犬类、牛或鸡的驯化过程相提并论。迈克尔·波伦提出了一个引人深思的理论，认为并非人类种植单方面改变了植物，植物也反过来影响了我们所有人，这个过程甚至可以算有意为之。

埃及植物学家阿哈默德·赫加齐和他的英国同事乔恩·洛维特－道斯特进一步探索了这个理念，认为：

> 从植物的角度出发，我们只不过是数千种或多或少无意识"驯化"植物的其中一种动物罢了。在这场共同进化的双人舞中（与包括人类在内的所有动物种类一样），植物必须将它们的子孙后代散播到能够蓬勃生长的地方，并将基因世

代传递下去。

他们还提出，

> 在庄稼和园林观赏植物的进化过程中，人类按照自己的喜好挑选并培育植物，标准包括尺寸、甜度、颜色、香气、果肉厚度、油脂含量、纤维含量和药物浓度。

达尔文在《物种起源》中描述了过去一代又一代果园主和园丁"近乎无意识"采用的一种手段：

> 重点在于永远选择最优秀的品种进行播种，然后当略为优秀的品种横空出世时，立刻选择新品种，一路进化下去。

如此繁育出的作品是无数人经年累月努力的结晶。人们在早已遗失于历史长河中的果园里埋头苦干，一直与大自然的力量合作。从这个角度来看，水果是来自果树的慷慨馈赠，惠及所有动物，当然也包括人类。获益者又反过来帮助挑选出那些格外实用或美味的水果品种，提高了它们的价值。

第一章

果园出现之前

数百万年前，大陆还未形成我们今天所熟悉的板块分布，北半球大片区域被冰覆盖，许多如今气候温和的地区在当时仍是冻原。彼时，大地上遍布个头较小的野生蔓越莓、草莓、覆盆子和蓝莓。在苹果、梨、榲桲、李子、樱桃和扁桃等果树与坚果树出现在北半球温带地区之前，它们的亲缘植物在冻原上肆意生长。短暂的夏季期间，这些野果受到各类动物的青睐，成为它们的营养补充来源。食客从最小的昆虫到鸟类再到爬行动物，甚至囊括了最大的哺乳动物。

水果本身，尤其是种子外包裹的那层馥郁芳香、通常多汁且多少带些甜味的果肉，一开始只不过是吸引动物将种子带到别处的小把戏。这样一来，种子落地生根，植物便得以扩散。在早期人类出现前，动物帮助推动了产果植物自然淘汰的进程。例如，比起酸果，鸟类更钟爱甜浆果，久而久之，成熟馥郁的果子得以将种子散播得最广，它们也正是更容易发芽的果子。

　　几年前，纽约大学的人类学家发表了一篇有趣的论文，证明水果在进化史上所扮演的角色远比人们此前以为的重要得多。参与这项研究的灵长类动物学家亚历山德拉·德卡谢安声称，饮食中至少含有部分水果的灵长目动物比那些仅食用树叶的灵长目动物脑容量要大得多。科学家的研究表明，这是因为以水果为食的动物必须更加深入细致地觅食，同时还得对森林了如指掌。也就是说，它们更多地运用到了认知能力。事实上，在体重相同的前提下，食果动物比食叶动物的大脑要重25%。更早之前，一群科学家与来自新罕布什尔州汉诺威市达特茅斯学院的人类学家纳撒尼尔·多米尼合作，发现黑猩猩只要用指尖一捻就能判断出水果是否已经熟透可食。

从树枝上搜寻成熟的果子，同时还要通晓从何处寻觅结果子的树、果子在哪一时节成熟以及如何从那些有硬壳的果子里取出果肉，所有这些行为都需要动物有更高的心智才能完成，或许这些行为也反过来促进了动物脑容量的提升。例如，猴子和类人猿的体力与认知能力就远超那些只吃草的动物。在参透这层关联前，科学家认为社交互动才是促成大脑发育的主要因素。

上图
14世纪末意大利版《健康全书》中出现的樱桃树插图，本书最早为阿拉伯语版本，出版于11世纪。

植物学家花费了很多时间来思考该如何定义水果。我建议可以从终端用户的角度来看待这个问题，也就是从水果享用者的角度出发。这样一来，"水果"这个词指的便是树木、灌木或小树丛中生长的那些在历史进程中被纳入人类饮食的植物部分。有些水果果肉厚实，果子中间有内果皮硬化而成的核，如樱桃、李子和橄榄；还有一些水果则以种仁或籽替代果核，如苹果、梨、葡萄；再来则是又小又软的水果，如草莓和黑加仑。此外，假如一本关于果园的书中没有提到坚果以及一种非常神奇的水果，那这本书便不完整了。这种花果一体的神奇水果就是由隐头花序形成的无花果。

　　水果是我们日常饮食的重要组成部分。水果中富含多种维生素、矿物质、酶及其他维持人类身心健康的物质。维生素C正是其中一种有益物质。人类和眼镜猴、猴以及类人猿一样都隶属于简鼻灵长目或简鼻亚目。这些灵长目动物和某些哺乳动物如蝙蝠、水豚、豚鼠等组成了一个不同寻常的小团体，成员们都需要从外界吸收维生素C（又名抗坏血酸），因为它们的身体无法自动合成这种物质。尽管约一百年前人们才发现抗坏血酸的存在，但人类早就知道定期食用水果有益身体健康。俗话说，"一天一苹果，医生远离我"，足以证明人类早就凭直觉嗅出这项奥秘。不过，时下的科学家已经明白，一天吃两个苹果比吃一个效果更好。

　　水果的高营养价值并不是唯一吸引我们的地方，它们美丽的色彩

——
左页图
一些柑橘属水果
（从左到右）：
香橼、黄皮（香橼
下方）、甜橙以及
柠檬，1868年。

和有趣的形状同样令人着迷。食用水果还是一种复杂但物有所值的体验。水果的芳香、或甜或酸的味道、果肉的质感、果肉的含水量以及随之而来的或干燥或多汁的口感，所有这一切构成了人们对水果的印象，引诱着人们一次又一次食用水果。我们的祖先很早就学会鉴别植物的哪些部分好吃、哪些部分不能吃或者有毒。同时，植物、水果、根茎和种子还有一个优势，就是方便享用。以浆果为例，人们可以轻松用手采摘，无须烹煮或加工即可食用。水果通常可以生吃。水果颜色也是判断其能否食用的线索，而我们人类比大部分哺乳动物更容易捕捉到这个指标，因为它们无法区分红色和绿色。

尽管大部分水果种类在初期体形很小，但依然值得搜寻，原因很简单——采摘水果不会有打猎带来的肉体伤害风险，还给有限的营养来源增添了一些多样性。人们自然而然会多光顾那些果子最美味的树，某一天便灵机一动，拿走一些种子种在家附近。最终，早期果园的雏形（或许只有几棵树）便出现在人类聚落周边，之后，则由某个特定的家族或部族将果园据为己有。人类转而栽培果树的行为可能最早出现在河谷或绿洲之类的地方，因为天然就已经有树扎根于此。

在不同地区的不同时刻，人们会突然意识到他们可以通过选择和培育特定的树来改变结出的果子。我们必须记住，种植水果和从野外摘取果子并非不能共存。人们持续不断地从森林中生长的野生果树或移植到人类聚落边缘的果树中筛选出新品种，这才逐渐形成果园的前身。当然，这些早期水果品种依然原始，跟我们今天所熟悉的各种水

果大相径庭。

　　我们栽培的大部分非热带水果都来自野生水果种类丰富的地区，这些地区的水果也展现出多元的基因构造。苏联植物学家尼古拉·瓦维洛夫（1887—1943）曾提出一个假说，认为一种植物的"老家"应当就是该植物存在变种最多的地方。这种遗传多样性意味着在单一野果种类中有条件实现无数次杂交，且这种杂交完全是大自然发展进程的一部分，无须任何人为干预。

　　随着基因不断混合，植物和水果都与老祖先产生了细微差别。杂交果个头越大就越有可能被找到，从而借动物将种子带往别处。此类基因活动的中心地带一般位于地中海气候或亚热带气候区，尤其是地中海附近、中东、亚洲西南部到中亚、印度次大陆以及东亚。非洲、南美洲和大洋洲有大片区域也是基因杂交的热点地区。

上图
伊朗的一个果园
里，人们正在整
理收获的石榴。

果园小史

2006年，一个由美国和以色列科学家组成的团队发布了研究成果，在植物考古学界掀起轩然大波。科学家们在约旦河谷南部找到六枚小无花果，看起来像是人工培育的产物，换句话说，是有人特地种出来的。研究人员判定这些遗骸来自约11 200年到11 400年以前。这项发现颠覆了人们此前认定的农耕发展顺序，即人类先开始种植谷物再种植水果，实际顺序或许恰恰相反，至少从该项记录在案的研究中得到的结论如是。不过，这项激动人心的发现并不能告诉我们那些果树的组织形式或种植场所当时的样貌。

此刻，没有什么能比向你们描述历史上记载的全世界第一座果园更愉快的事情了。我想展示那些可爱的果树、美味的果子，以及在果园里流连过的人类和动物。遗憾的是，这个愿望并不能实现。不过，我们可以相对确定几点关于果园发展的事实，并从中形成大致概念。

究竟是无花果、木樨榄（又称油橄榄）、海枣还是石榴首先启发了人类种植属于自己的果树？想回答这个问题，最大的困难在于尽管科学家找到了上述所有植物种类的碳化残留物，却难以辨别这些标本究竟来自野生植物还是人工栽培的植物品种。即便科学家已经可以较为精准地判定考古遗骸的年龄，这个问题依然存在。从野生植物向栽培植物的转变是一个格外漫长的过程，由此所带来的植物外观上的变化更是极其缓慢。

不过，我们还是有一个可靠的标准来帮助判断植物是否为人类育种。倘若植物残骸不在通常发现这种植物的地方而在较远处，就意味着这些样本为人类有意种植，且它们并非从自然途径获得水源，而是由人类施以灌溉。死海北部发现的油橄榄核和油橄榄木残迹就是这样一个例子。

在类似地理位置发现了人类从野树上采摘油橄榄的最早证据，可以追溯到后旧石器时代，也就是石器时代早期和晚期之间的过渡时期（前15000至前10000）。在很长一段时间里，植物考古学家们曾达成广泛共识，认为人类大约6 000年前首次开始培育油橄榄树，地点在约旦河谷内，也就是死海以北、加利利湖以南的地方。然而，采用了更先进分析手段的近期研究表明，早期油橄榄种植发生在地中海地区的多个地点、中东（包括塞浦路斯岛）、爱琴海地区以及直布罗陀海峡附近。这些古老的野生油橄榄的基因库为油橄榄在众多地区的种植和培育奠定了重要基础。

是否有可能进一步明确人类驯化油橄榄的发源地呢？研究人员在幼发拉底河谷中部、靠近如今土耳其和叙利亚边境的地方，找到了青铜时代人类培育油橄榄树的油橄榄木和种子遗骸。油橄榄树的巨大优势之一就是它们可以在土壤相对贫瘠的地方生长。《圣经》中屡次提到油橄榄树和橄榄油，也体现了这种果子在整个中东地区的重要性。例如，《诗篇》第128章第3节就出现了一个令人印象深刻的比喻：

你妻子在你的内室，

好像多结果子的葡萄树；

你儿女围绕你的桌子，

好像橄榄栽子。

中东地区依然存在大量油橄榄园。在早已回归自然的野地里，依然能找到废弃的橄榄油工坊，有些只剩下残垣断壁。它们生产出来的橄榄油一度被用作药膏、油灯燃料以及香水和化妆品中的芳香剂溶液。

在欧洲最西边的葡萄牙阿连特茹省也能看到油橄榄园。那里赭色的土地上坐落着一望无垠的油橄榄林，随着波状丘陵起起伏伏。唯一不和谐的就是四下散布的农庄，房子刷得雪白，在阳光下格外耀眼。除了鸟儿的叽叽喳喳、有规律的蝉鸣和骡蹄声外，几乎听不到别的声音。橄榄油压榨过程中产生的油渣废液有一种特殊的浓烈甜香，弥漫在整片土地上。

油橄榄树大多长寿，年龄常常使人惊掉下巴。例如，苍虬多瘤的摩查橄榄树据预测树龄高达3 350岁。它位于葡萄牙中部的阿布兰特什市，离特茹河直线距离半英里（1 000米）。这棵树底部周长经测量达到36.75英尺（11.2米）。在撒丁岛、黑山共和国和希腊也有这样古老珍贵的油橄榄树。话已至此，让我们用油橄榄树"立传者"莫特·罗森布拉姆的话作为这个话题的结语："在人类驯化油橄榄树的时候，尚未有人发明出记录此事的语言。"

第二章

棕榈叶的窸窣

自远古时期以来，巨树成荫的棕榈树林一直为游牧部落提供休憩场所并深受青睐。对于生活在古埃及、广袤的叙利亚大草原、阿拉伯半岛沙漠以及美索不达米亚地区（即两河流域）的人来说，棕榈树——尤其是海枣树，扮演了非常重要的角色。人们在位于沙特阿拉伯哈伊勒省亚提卜山的悬崖上发现了棕榈树、人类和动物题材的壁画，明显创作于青铜时代。新石器时代的陶罐也以棕榈叶作为装饰，说明人们早在那时已经开始使用棕榈树资源。尼罗河流域出土的世界上最古老的木乃伊就包裹在棕榈叶编织成的毯子里。

对于曾生活在今坦桑尼亚境内奥杜威峡谷等地的智人来说，绿洲是挨过干旱期必不可少的助力。约100年前，在英国生活的澳大利亚考古学家维尔·戈登·柴尔德提出"绿洲理论"。他认为，人类向农耕生活方式的转变始于绿洲和河谷地带，因为更新世末期极端干旱，导致动植物稀少，人们只能躲避在绿洲和河谷中。尽管后人的研究否认了农业诞生于绿洲之中这个理论，但绿洲在很长一段时间里对人类来说至关重要。

不同因素决定了人们究竟有没有在这些绿洲中定居，也就是说，绿洲中是否存在人类长期居住的大型建筑，还是这些地方对于以游牧为主要生活方式的人来说只不过是临时歇脚处。无论如何，棕榈树很有可能是绿洲植物体系的基石，在它们的树荫下有可能生长其他树木或灌木。早在新月沃土地区发展出早期文明之前，这些棕榈树林或许就已经存在了。"新月沃土"（顾名思义）是中东地区一片月牙形的土地，这里出土了一些世界上最古老的先进文明遗迹。

绿洲通常坐落在古老的商路上，有利于人类实现长途旅行。我们可以将之想象成旅人补充淡水和水果供给的中途休息站。绿洲在不同路线沿途连成一列，包括从埃及中部通往苏丹的"四十日"（Darb el-Arbain）骆驼古道，从阿拉伯半岛南部（如今的阿曼和也门）通往地中海地区的香料之路，从尼日尔到摩洛哥北部城市丹吉尔的路线，以及传奇的丝绸之路中连接欧亚大陆两侧的一些重要路段。

贫瘠的土地能否脱胎换骨成为多产的沃土，取决于是否有途径将

珍贵的水源引入干旱地带。随着时间流逝，这些手段也越来越先进。只有在存在地下泉的位置挖洞并连通自流井后，才有可能开发或创造出绿洲。自流井水位低于地下水位线，地下水压高于地表，因此泉水会自发涌出井眼。地下井最深可以位于地下250英尺（80米）处。早期人们只能使用鹤嘴锄打通自流井，并使用棕榈叶编成的篮子和棕毛搓成的麻绳将疏松的沙子或泥土运到地表。总之，开垦绿洲需要克服巨大的技术挑战。然而祸不单行，总体缺水之余，水分越少则蒸发越快，由此析出的盐分再依靠毛细作用带走植物中的水分，对植物造成进一步伤害。

老话说，海枣在"足浸于水、头沐骄阳"时长势最盛。当树发育完全后，根系深扎地下，甚至可以探到地下水。听起来或许矛盾，但棕榈树根其实酷肖沼泽植物或水生灯芯草的根。并且，尽管这两类植物的生长环境截然不同——一个极其干燥而另一个极其潮湿，它们却都拥有细密交织的纤维状根系，能够预防土壤流失。从植物结构角度来说，棕榈树和灯芯草一样是单子叶植物，也就是说，比起乔木它们与禾本科植物更相近。在单子叶植物纲中，棕榈树显得与众不同，因为它们的茎会变粗，还能长得很高。它们对水质的要求低得惊人，含盐度极高的水或半咸水都不会对它们造成影响。不过，它们很难抵御低温，一旦温度降到44华氏度（7摄氏度）以下，棕榈树就会停止生长。

伟大的博物学家亚历山大·冯·洪堡曾经将棕榈树称作"最高大壮观的植物"。棕榈科有200多个属，近3 000个种。显然，不同树种间存在差异，不过所有棕榈科成员都有一些共同点——细长且没有分枝的树干顶端是由棕榈叶形成的树冠，可大可小；棕榈叶为羽状复叶，细窄小叶排列在叶轴两侧。

传说中，海枣树诞生于底格里斯河和幼发拉底河之间，是天上火和地上水的混合物。研究表明，这个漏洞百出的起源故事不仅存疑，甚至连起源地都可能弄错了。现在，科学家相信世界上第一批棕榈树出现在阿拉伯半岛东海岸。古苏美尔都城乌尔遗址中发现的楔形铭文表明人类早已开始种植棕榈树，为上述理论提供了依据。楔形文字记载，来自苏美尔传说中人间天堂迪尔蒙的人们在背井离乡来到美索不达米亚时带来了棕榈树。（迪尔蒙是传说中一支先进文明的所在地，位于今天的西南亚国家科威特与卡塔尔之间，很有可能就是巴林岛。）

人类目前种植的海枣树品种还没有明确的植物学起源。或许它们的祖先是某种已经不复存在的野生棕榈树，也有可能它们与今天仍然分布在世界各地的一些棕榈树品种有亲缘关系。这些品种包括佛得角群岛上稀有的佛得角海枣（*Phoenix atlantica*）；分布在非洲热带地区、马达加斯加岛和也门的植株细高的折叶刺葵（*Phoenix*

reclinata），又称塞内加尔海枣；以及巴基斯坦、印度和亚洲其余地区土生土长的银海枣（*Phoenix sylvestris*）。海枣属（*Phoenix*）下共14个品种，皆可杂交，不同品种间唯一的主要区别就是产地。

在北非和阿拉伯半岛，海枣树（*Phoenix dactylifera*）果实富含易于消化的糖类、蛋白质、矿物质和维生素，自古以来就是人类和动物共同的重要营养来源。以新鲜或烹饪过的海枣为原料的菜肴和甜点数不胜数。通常，人们会在海枣生长的绿洲或种植园内就地加工果实，把它们放在大铜锅内，加水熬成果泥，成品可以用来提升各种食物的甜味。

以古希腊地理学家斯特拉博为代表的评论家们早就知道棕榈树的不同部位可以用来酿酒、制醋、酿蜜、加工面粉，还能提取多种纤维并编织成各种垫子。枣核可以当作燃料或动物饲料。在树木稀少的美索不达米亚南部，棕榈树干是极其珍贵的原料，用来制作农具、家具、战船或商船。自古以来，在绿洲里劳作的农民便会使用棕榈叶来搭建小棚子。对此棕榈叶非常适合，因为叶片很长，长度可以超过12英尺（4米），编织成的建筑既能为人们提供阴凉，又可以保持空气流通。

显然，人们早就知道该如何提高棕榈树的产能。棕榈树最高能长到近100英尺（30米），一般借助风力完成授粉，少数情况下昆虫会将雄花花粉带给雌花。由于棕榈树雌雄异株，依赖气流完成授粉颇有风险。为了确保雌花尽量获得授粉，1月到3月间，会有熟练工不辞辛劳地用树上摘下的雄花磨蹭雌花的花柱。古希腊学者泰奥弗拉斯特将这项耗时耗力的工序称为"撒粉"。撒粉执行得越彻底，收获时节海枣的产量就越高。收成最丰厚的时候仅一棵树就能产出多达300磅（140千克）海枣。这么一来，就不难理解海枣为何会被称为"沙漠面包"了。美索不达米亚出土的亚述时期的浅浮雕常常会刻画园丁通过撒粉为海枣树人工授粉的场景。人们干劲十足，誓将授粉进行到底，因为在亚述帝国统治时期，园丁或专职授粉人员可以从果园的成功中分一杯羹，将海枣收成的三分之一纳入囊中。

采摘海枣的人还面临一个有趣的难关，那就是在秋收时节，同一簇海枣的果子并不会同时成熟。在自然进程中，果子成熟度不一，意味着很长一段时间内都可以吃到新鲜的海枣。但这个优点降低了海枣

买卖的效率。不过，人们还是找到了在采摘时减少损失的方法，那就是提前摘下海枣，让果子在树荫下慢慢成熟。人们还发现在海枣表面划小口子可以加速其成熟。

另一个瞒骗大自然、提高产量的方式就是只种雌树，因为只有雌树可以结果。假如让树自然繁衍，那么掉落的海枣或枣核萌生出的树中将有半数为雄树，野生绿洲中就是如此。此外，枣核长出的树苗需要大量水才能存活下来并继续长高。某一刻，绿洲居民意识到，只要他们从成熟雌树树干上获取插条进行扦插，长成新的雌树，就可以避免这些麻烦。这样一来，树苗发育期（在此期间无法结果）被缩短到四至五年，且扦插树苗发育更成熟，也能抵御更长时间的干旱。与此同时，人们另辟一处专门种植雄树，以获取花粉。雄树本身也是重要作物，在整个阿拉伯地区的集市上都不缺买家。除了对于海枣产果必不可少之外，人们也一直相信海枣花粉可以辅助生育，并帮助治愈多种疾病。

作为绿洲中最高的植物，棕榈树一向决定着绿洲内植物生态系统的纵向结构。它们硕大的树冠由能够遮风挡雨的棕榈叶组成，对于形成下层更加凉爽、潮湿的微气候功不可没。根据各地不同的气候条件和饮食喜好，棕榈树下通常会种有各种果树，包括无花果树、石榴树、红枣树、橙树、杏树、杧果树以及番木瓜树。比起结实的棕榈树，这些长在低处的植物对于阳光直射、高温和干旱都更加敏感。葡萄藤可以沿着这些小树蜿蜒而上，也可以爬上特制的支架。再看向更低处的地面，农民们会在此栽植一些对人类来说有各种用途的一年生植物，如蔬菜、药草、谷物、棉花、烟草或大麻。以上三个高度的植物加在一起，极大提高了土地产量，也无须大动干戈改变灌溉方式，时至今日依然是中东和北非地区典型的种植模式。那些没有下面两层植物的棕榈树绿洲无须精耕细作，游牧民只须偶尔探访一下，为花授粉，就可以收获海枣了。

数个世纪间，旅人们记载了棕榈树给他们留下的印象，尤其是那些种在城市周围、集实用和享乐为一体的棕榈树。奥地利记者阿芒·冯·施魏格尔-莱兴费尔德（1846—1910）写下了他于19世纪末期在巴格达的经历。读过他的文字后，还有谁不会对棕榈园之旅心生向往呢？他写道：

> 树林周围是一圈干砌墙，墙头爬满灌木丛和藤蔓。在浅浅的灌溉渠之间，植被郁郁葱葱，开花发芽，躲在美丽的酸橙树、橙树和无花果树树荫下；而壮观的海枣树屹立一旁，护住果树，挂满一簇簇海枣。在这个生机勃勃的绿色环境中有几座小房子，低层凉爽的房间在炎炎夏日提供白天时的庇护。而当夜幕降临时，居民们则被吸引到露天阳台上，那里不仅有习习凉风，还有鼓鼓囊囊的水果从树上低垂到露台上，邀请人们品尝。在底格里斯河两岸的城市南部随处可见这样的果园。

第三章

诸神的花园

　　尽管大中东地区早期的果园之间有很多差异，大致还是可以分为两类，一类与皇家生活方式紧密相连，另一类主要是为了高效栽培果树以促进水果产量最大化。第二类果园通常坐落在人类聚落之外，而第一类果园一般是多功能大花园的一部分，用途不仅是单纯的水果生产，还包括提供休息场所、展示财富以及将精神追求具象化，尤其是那些事关花园主人在当下和未来与神明关系的追求。我们偶尔还可以从素描、浮雕、画作以及考古遗迹中一窥这些宫廷花园的模样。简朴的家庭花园或商业果园几乎不会让人产生任何与美有关的联想，也大都消失得无影无踪，最多只在沙漠中留下一些模糊的线索。

古希腊历史学家希罗多德有充分理由将古代埃及称作"尼罗河的礼物"。除了尼罗河三角洲以及横贯大陆的尼罗河两岸狭窄的绿色河岸外，想在别处发展农业，只能建造稳定的灌溉系统。必须改变河道，将河水分配到更有需要的不毛之地。自然，这样的灌溉系统造价昂贵，也因此灌溉地成了财富的象征。

那些引入水源灌溉土地来建造花园的人为的不只是在同辈人中声名显赫，我们会发现，他们也相信花园会影响人死后的生活。当时的艺术作品刻画了诸神如何照管万物周而复始，说明人们相信是这些神明在保佑花园硕果累累。

来自埃及第十八王朝（前1554—前1305）的一幅底比斯壁画呈现了一位树之女神从非洲桑叶榕（又称西克莫无花果）树中探出身来，拿着树上的果实。非洲桑叶榕是桑科落叶植物。它们能长到近50英尺（15米）高，树冠周长达到80英尺（超过25米）。这种树的果实类似无花果，像葡萄一样一簇簇的，结在树干或老树枝上。植物学家给这种现象起了一个可爱的名字，叫"老茎生花"（cauliflory）。尽管非洲桑叶榕果实无法与"正宗"无花果相媲美，但仍然是种美味的水果。除了海枣树和非洲桑叶榕外，埃及果园里还有从遥远的东方进口来的石榴树。古埃及发展为一个强盛的帝国后，便开始融合叙利亚、巴勒斯坦、其余地中海地区和埃及以南地区的文化并深受影响。

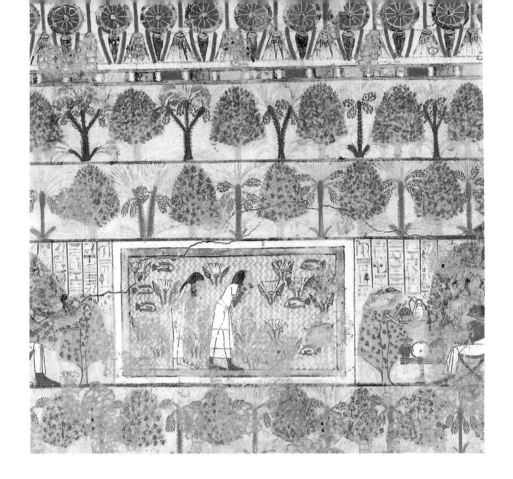

古代浮雕展示了人工池塘边的小果园如何作为个人陵墓景观的一部分而存在。树上的果实是为了防止逝者在死后感到口渴，并为他们提供养分；巨大的棕榈叶是为了将新鲜空气徐徐扇往死者身边。在特殊场合，死者的雕像会乘船渡过池塘，方便他们欣赏花园里的美景。

《亡灵书》出现于公元前1250年，多亏了这样的莎草纸卷，我们可以大致了解这些硕果累累的果园长什么样。在《亡灵书》第58章的一幅插图中，阿尼和他的妻子图图立于水流经过的池塘中，他们左手拿着象征空气的帆，右手则探入水中掬水饮用。挂着一簇簇海枣的棕

———
上图
位于底比斯（今
埃及卢克索城）
的索贝克霍特普
市长墓，约公元
前1400年。

桐树环绕在池塘边。

  我们还可以参考近现代埃及学家的作品,例如伊波利托·罗西里尼(1800—1843)那些呕心沥血的画作。罗西里尼参与了法兰西王国联合托斯卡纳大公国对埃及阿布辛贝神庙展开的远征,并拓印了数百张埃及遗迹图片。一些图片展现了从高处鸟瞰花园的景象,另一些则描绘了葡萄和无花果丰收时的场面。他最重要的作品《埃及和努比亚遗迹》(*I Monumenti dell'Egitto e della Nubia*, 1832—1844)就是一本搜集了众多此类彩色图片的集锦。倘若这些流传下来的图片写实,宫殿内或附近的花园往往小而紧凑、设计精巧,池塘内有游鱼、睡莲和鸟,池塘边缘装饰着观赏植物,外沿种植着一排排对称的树。有时画作中也会出现衣着轻便的人,或照料植物或采摘水果,姿态优美大方。

——
上图
采摘并食用无花果,赫努姆霍泰普二世法老墓,埃及贝尼哈桑考古遗址,约公元前1950年。

宫廷花园同样也是人类向神明献祭或供奉祭品的地方。由于花园是神明在尘世间感到分外愉悦的地方，因此非常适合举办此类宗教仪式和信仰活动。花园中种植的果树种类决定了谁才是适合庇佑这座花园的神。例如，葡萄藤之神是奥西里斯；还有专门保佑葡萄丰收的神——女神列涅努忒；就连压榨葡萄的设备也有自己的守护神——狮头或公羊头的舍兹姆。

　　研究人员发现，埃及的酿酒葡萄种植业可以追溯到史前涅迦达文明时期。来自东北部三角洲和绿洲的葡萄格外受到重视，这说明当时的葡萄园坐落在城市和宫殿之外。葡萄藤生长在由横棍和分叉桩组成的精巧的格架上。在拉美西斯时期，葡萄园得到扩张，单座葡萄园一度需要超过100个工人。除葡萄外，人们还用无花果、海枣和石榴酿酒。在当时的文字记载中，葡萄园、果园和棕榈园之间的界限往往不甚明晰。在公元前四千纪末期，商人已经在埃及和黎凡特（当时叫作迦南）之间运输葡萄酒。埃及中部古城阿拜多斯坐落在尼罗河西岸，从当地的蝎子王一世法老墓中（约前3200）出土了一系列产自巴勒斯坦的双耳葡萄酒陶罐。

　　埃及人还种植其他品种的果树，目的纯粹是为了收获果实。（当然，在这些果园里工作的人或许也曾享受过快乐时光或得到放松，但没有文献记录可以佐证。）埃及中部古都泰尔埃尔阿马那位于尼罗河东岸，当地遗址的考古发现向我们揭露了如此庞大的商业种植园区是如何被划分成独立的果园、葡萄园和菜园的。整个园区以外墙为界，用于种植不同作物的小块土地均有围栏圈住。

尽管已经过去很久，我们依然可以通过证据了解泰尔埃尔阿马那这类地方的工作情况。当时园丁的社会地位不高，工作条件艰苦，他们整天在烈日下辛勤劳作，却连抵御酷热的头罩都没有。运送沉重的水罐也令他们的脖颈伤痕累累。负责监督工人的领班还会强迫他们持续工作。不过墓穴中的一些图画显示，工人们偶尔有机会可以休息一下，在阴凉处恢复体力。

随着水果渐渐成熟，驱赶一群又一群开心掠夺果树和葡萄藤的欧椋鸟及长尾鹦鹉成为一项重要任务。（后来人们才发明了用网罩住海枣串的方法来保护它们不被饥饿的动物骚扰。）狒狒因为喜欢扯掉棕榈树苗的花和树茎内芯而恶名昭彰，老鼠也构成威胁，成群的蝗虫更是可以在几分钟内毁掉整片作物。

采摘水果时，工人们会背着篮子爬到树上，摘好水果后再用绳索将满满当当的篮子垂降回地面。显然，当时梯子还不属于常见工具，但人们已经驯服了猴子，给它们套上锁链，让它们爬到无花果树和棕榈树上采摘果子。

即便在最注重生产效率的果园里也会流露出快活的气息。《都灵纸莎草情色全书》是新王国时期（前1550—前1080）的一卷手稿，收录了以不同种类果树口吻写就的情诗。（这部神奇的著作里还出现了世界上已知最早的关于性交的描述，足以证明很久以前人们就将食用水果和其他感官愉悦联系在一起。）让我们来感受一下石榴篇的诗句：

我的种子好似她的贝齿，

果实好似她的酥胸，

果园中[我傲视群芳]

春夏秋冬我都在此徜徉。

　　美索不达米亚的考古发现还表明，曾经存在不同种类的果园和花园，一部分是为了满足精英阶层的身份象征和娱乐消遣，另一部分则完全为了生产食物。这样的分类与埃及类似，但两个国家的植物生长条件大相径庭。在自然状态下，广阔而又常被淤泥覆盖的美索不达米亚平原根本不适合栽种植物。人们不得不先将底格里斯河和幼发拉底河的水积聚起来，然后挖运河将水流引入田间。假如没有这番大动干戈的地形改造，就不会存在棕榈园和农耕土地，二者也不会在公元前3世纪上半叶就遍布整片平原。

　　现存的线索能帮助我们推测这些最古老的花园可能是什么模样，但它们都出土自更为近代的历史时期。亚述帝国的亚述纳西帕二世国王（公元前9世纪）费了九牛二虎之力为他的都城尼姆鲁德（在底格里斯河岸，如今的伊拉克北部）引入水源：

　　我从大扎卜河挖出一条运河，劈开山峰，并将之命名为

"繁荣运河"。我灌溉了底格里斯河边的草地，并在那一带

建立果园，种下各种果树。我把行军穿越各个国家和高地时寻到的种子和树苗种在这里，包括不同品种的松树、柏树和刺柏树，还有扁桃树、海枣树、乌木、黄檀木、油橄榄树、橡树、柽柳、胡桃树、笃耨香、楸树、冷杉、石榴树、梨树、椴桦树、无花果树、葡萄藤……

运河水从上方涌入花园，小径上弥漫着芳香，如天堂繁星般众多的水流在乐园里流淌……我在这片乐园里采摘水果，好似一只松鼠。

当地土生土长的植物种类很少，因此这样一片树林可谓奢侈。再者，由于这些树来自帝国各处，需要精心照料，因此更能彰显统治者的权力和声望。当亚述国王萨尔贡二世（公元前8世纪）建造新城市杜尔–沙鲁金时，他也重新打造了一座花园。访客甚至可以在花园内猎狮和驯鹰，由此可知这座王家园林一定模拟了植物在自然环境中的分布与特征，并且比同时代的埃及花园更大，设计也更多元化。在这些王家花园里，果树完全融入休息放松的场所，花园所吸引来的野生动物与花园里生长的植物一样重要。

萨尔贡二世的继任者辛那赫里布（公元前7世纪）命人建造了导水沟渠，从山中将水源引入亚述城市尼尼微。尼尼微位于底格里斯河东岸的美索不达米亚上游区，与今天的伊拉克城市摩苏尔很近。（在过去三十年里，科学家认为尼尼微很有可能就是传说中的巴比伦空中花园所在地。）国王本人是这么说的：

> 为了引导水流穿过这些果园，我开辟了一片湿地，并设立了甘蔗丛，我还把森林里的鹭、野猪和其他野兽放了进去。在神明的恩泽下，藤蔓、各式各样的果树和香草在花园里生根发芽，欣欣向荣。柏树和桑树蹿高、繁衍，甘蔗也迅速长成参天之势；飞鸟与水鸟纷纷筑巢；森林里来的母猪和野兽源源不绝地诞下小兽。

后期，尼尼微的一幅石灰岩浮雕呈现了新亚述帝国国王亚述纳西帕（公元前7世纪）懒洋洋地倚在花园藤架下的景象，果园里的树上落满了鸟，王后坐在他身边的高椅上。这幅所谓的花园宴请图让我们见识到高贵、考究的画中人，也展示了多种植物。

除了神庙装饰里的植物纹样外，关于美索不达米亚花园的一切几乎都已湮没在时间的洪流里。不过，考古学家推测，与埃及一样，两河流域的城邦外有划分出来的耕地，由黏土砖、夯实土块或石头垒出的高墙围住，可以抵御小偷和动物。围墙昭示了边界，说明墙内植物经过挑选形成新的体系，遵循与外界不同的法则。墙内的珍宝需要照料和保护，这样成熟后才能造福人类。围墙也是所有权的象征。它们将花园与外部世界隔绝得越严实（有时连想要一瞥墙内园景都很难），就越有可能反而唤起人们的向往，让人们对墙内珍宝的想象越

发夸张，到了与实际情况相去甚远的地步。

水平线与河流平齐甚至低于灌溉运河水位的低洼地区最适合栽种树木以及其他植物。"沙杜夫"（shaduf）是一种通过杠杆原理来汲水的桔槔，很快得到广泛使用，帮助人们把水运往高处。城市并非安置种植园和果园的理想地点，原因很简单，城市的建筑废墟上会不断建起新楼，人们不得不设法将灌溉水越送越高。阿基米德螺旋泵是当地的一项重大技术创新，这套装置能够协助人们更轻松地将贮水池内由运河填满的水传送到高处。（有趣的是，这种水泵似乎在阿基米德出生400年前就已经问世了。之所以叫这个名字，或许是因为阿基米德是第一个解释其工作原理的人。）

阿卡德语是当时王国的官方语言之一，阿卡德人将果园称作kiru，园丁是nukarribu。园丁的工作要求他们不仅懂得树木知识，还须了解灌溉系统，有能力指导建造整套沟渠体系，让每一株植物都能得到所需的水分。书面材料里所记录的地名，如"底格里斯河岸上的棕榈园"等名称，进一步证明这些果园位于河流或灌溉运河两岸。大多数花园由政府管理，要么任命宫廷官员负责打理，要么租赁出去。出租时，果园主须按照宫廷督察员预计的收成来付费，这是为了防止官员试图欺瞒政府或者果园租金引发纠纷。

不过，两河流域的果园并非只是人们通过习得的知识栽培植物并收获宝贵水果的地方，还是为数不多的人们在户外可以多少躲开阳光舒服一下的地方。一片特意栽植的树木形成了一个小宇宙，在这里生命循环往复，一切有迹可循。灌溉系统和池塘里的水蒸发可以降低空气温度，园内的树荫和甘美的水果与人们面对的花园外的世界形成鲜明对比，令人耳目一新。除了果树，人们常常会在运河和水道沿岸栽种杨树和柽柳来预防水土流失。

在摩洛哥马拉喀什南边有一片属于摩洛哥王室的巨大地产，叫作阿格达勒花园，是现存世界上最古老的果园之一。通过阿格达勒花园，我们可以体会到早期花园的管理有多么先进和复杂。花园的名字来自柏柏尔语，意为"围墙内的草地"。古代君主阿卜杜勒–穆敏于12世纪下令建造了这座占地近2平方英里（500公顷）的花园，不过在后世经历了诸多变迁。今天我们看到的围墙建造于19世纪，墙头分布了

很多小型塔楼，墙内有数不清的果树，包括海枣树、油橄榄树、无花果树、扁桃树、杏树、橙树和石榴树。

地下河道为阿格达勒花园提供淡水，也给邻近城市带来饮用水。这些河道发源于约20英里（30千米）外的奥里卡山谷，坐落在高阿特拉斯山脉中。高阿特拉斯山脉在远处为果园提供了雄浑壮丽的背景。果园里零星分布了一些凉亭，还有三个长方形水池。历史上，士兵们曾在最大的水池中训练游泳。如今，鲤鱼在池水中嬉戏追逐，阿格达勒也成了联合国教科文组织认定的世界遗产地。

在阿格达勒花园附近，散落了一些不同类型的传统果园。这些引人注目的果园如今大部分坐落在摩洛哥西南部的大西洋海岸上，位于马拉喀什以西、索维拉以南的某片区域，其中有些树林已经如同野地

般疯长。果园的主要作物是摩洛哥坚果树（又名阿甘树），这种多生节瘤的树最高可以长到40英尺（12米）。摩洛哥坚果树一度生长在广袤的地中海地区和北非。重大气候转变后地球上才形成我们今天所熟悉的气候，在那之前，世界各地包括南北极都处于热带气候中，摩洛哥坚果树正是那个时代的遗留物。事实上，摩洛哥坚果树常常被称为来自地球演化早期的"活化石"。如今，它们的生长范围只局限于摩洛哥西南部，处在阿特拉斯山脉、大西洋和撒哈拉沙漠之间。当地也有油橄榄树，但摩洛哥坚果树那蛇皮似的树皮让人们可以轻松分辨出它们。小小的黄色果实成熟后会从树上落下，人们可以徒手采集。果实内饱含油脂的坚硬种子就是我们熟知的摩洛哥坚果。

　　摩洛哥坚果树的根可以延伸到地下100英尺（30米）处，因此在

上图
阿格达勒花园的围墙，位于摩洛哥马拉喀什以南。

预防土壤沙漠化中扮演着重要角色。它们还拥有不同寻常的抗干旱能力，可以令树叶脱落，进入"休眠"状态。树龄在50～60年之间的摩洛哥坚果树处于产果全盛时期。传统上，柏柏尔妇女会用鹅卵石砸开果核，方便进一步加工。人们喜爱用香气十足的摩洛哥坚果油佐味面包或蒸粗麦粉食用，也将它们用作护发素和烹饪油。摩洛哥坚果树木制坚硬，是十分珍贵的木材，有多种用途。山羊不仅喜欢摩洛哥坚果树的叶子，也钟情于果实：它们会爬到树上啃食果子，然后将果核排泄出来。沾这个自然过程的光，人们可以直接搜集那些已经去除了果肉的"预加工"种子。

不过，让我们将视线离开如今的摩洛哥，回到前文提到的美索不达米亚花园所在地。在之后的数个世纪里，伊斯兰教成为此地的主宰。相关记录显示，波斯花园似乎代表了人们对天堂的渴望。寓言集《一千零一夜》中的第214个故事向我们展示了这个时期花园同时作为享乐之地和生产用地的双重身份：

> 他们跨过天堂入口一般的圆形拱门，信步穿过格栅搭成的凉亭，葡萄藤缠绕在凉亭上，结有各种颜色的果实。红葡萄像红宝石；黑葡萄如同阿比西尼亚人黝黑的脸庞一般；白葡萄挂在红葡萄和黑葡萄之间，就像红珊瑚和黑鱼间点缀着珍珠。接着他们发现自己来到花园中，多么美丽的花园啊！他们看到各种各样的动物，"或形单影只，或成双成对"。鸟儿吟唱各式各样的乐曲：夜莺甜美的啭鸣令人动容，鸽子哀怨地咕咕叫，画眉的歌声媲美人声，云雀以悦耳的旋律回应斑尾林鸽，空气里回荡着斑鸠的美妙旋律。树上挂满了各式各样的水果：有甜的、酸的、又酸又甜的石榴，有甜甜的野苹果，还有葡萄酒般甜美的希伯伦李子——没人见过那样的色彩，没人尝过那样的美味。

热爱园艺的作家薇塔·萨克维尔-韦斯特曾于20世纪游历波斯。她发现，即便很多花园早已无人照看，那些古老的园地依然与千百年前传说中的一样令人着迷。她也充分认识到这些花园与她在英国老家熟悉的那些所代表的意义完全不同。在1926年出版的《德黑兰旅人》中，她写道：

但这些园子里种的并非花朵，而是树，是绿色的荒野……多么令人惊叹的花园啊，许多早已荒废，你可以跟蟋蟀和乌龟分享这些废弃的花园，不受打扰地度过漫长的午后时光。我正是在一座这样的花园里写作。它位于白雪皑皑的厄尔布尔士山脉脚下，坐落在一个向南的斜坡上，俯瞰平原。园内遍布荆棘和灰绿色的鼠尾草，时不时会出现一棵繁花盛开的南欧紫荆树，惊艳的洋红色花朵点缀了白茫茫的高原。山洼间的一团粉色暴露了那里鲜花怒放的桃树。四处都有水流，要么是随意流动的小股山涧，要么流入蓝色瓷砖铺成的笔直水道，沿着山坡流入四株柏树之间的一处破败泉水中。那儿也有一座小凉亭，如其他设施一样仅余残垣断壁，正门的瓷砖早已脱落，碎片散布在露台上。人们建造，但似乎从不修补。他们建造完毕，离开此地，任大自然将他们的成果变成这幅叫人心碎的美景……这座花园是心灵的庇护所，也是一个阴凉的所在。平原是孤寂的，但花园有了居民，不是人类，而是鸟、兽、默默无闻的花。在这里，戴胜鸟在枝权间呼唤"谁？谁？"；蜥蜴发出干树叶般的窸窣声；海绿色的小小鸢尾花也纷纷绽放。

　　当然，在许多宗教中，人们早就认为天堂是一座硕果累累的花园。《圣经》中这样写道：

耶和华神把那人带来，安置在伊甸园中，让他耕耘和看守那园子。耶和华神吩咐那人说："园子中各样树上的果实，你都可以随意吃；只是分辨善恶树上的果实，你不可吃，因为在吃的日子，你必定死。"

然而亚当和夏娃没能抵挡住诱惑，吃了那唯一一棵禁树的果子，自此人类永远不得进入天堂。二人万分羞愧，躲在叶子下，无颜面见上帝。引发此番恶果的罪魁祸首是哪种水果呢？尽管在许多描述该故事的画作中夏娃都手持苹果，但这绝不是正确答案。事实上，《创世记》从头到尾没有提到过苹果，唯一使用的词是"果子"。

之所以会形成这个关于夏娃和苹果的执念，很有可能是因为最早将《圣经》翻译为本地拉丁文版本的人犯了一个错，或是故意玩了一个文字游戏。他们混淆了意为"苹果"的malus和意为"邪恶"的malum。可是原文"lignumque scientiae boni et mali"意思就是"善恶知识树"，跟苹果一丁点关系也没有。然而失之毫厘，差之千里，很快就出现了第一幅夏娃手持苹果的插图。自公元5世纪以来，这个误会顽强地流传到今天。

既然不是苹果，那么究竟是什么水果呢？杏子，无花果，石榴，还是海枣？我们尽可以翻来覆去地研究《圣经》，但禁果的身份将永远是个谜。

离苹果树不远

　　在所有水果中，学者们最了解苹果的历史。远古时代的早期品种长成了如今分布在世界各地的野苹果，包括北美的花环海棠（*Malus coronaria*）和太平洋海棠（*Malus fusca*），东亚的萨金海棠（*Malus sargentii*）和三叶海棠（*Malus sieboldii*），中国的湖北海棠（*Malus hupehensis*）和山荆子（*Malus baccata*），喜马拉雅山脉的新疆野苹果（*Malus sieversii*）和东方苹果（*Malus orientalis*）。所有这些品种被统称为野苹果，因为它们果小味酸。有时很难分辨野苹果和某些最初人工培育但后来野生化的苹果品种之间有何差别。例如，关于欧洲野苹果（*Malus sylvestris*）究竟

上图
哈萨克斯坦天山
山脉中的野苹果
树鲜花怒放。

是野生品种，还是与野生表亲相似的栽培品种这个话题，科学家们一直争论不休。所有野苹果品种都诞生于北半球温带地区，该区域的冷期对于苹果种子萌芽至关重要。

野苹果个头小，且大部分味道酸涩，但晒干后就有了价值，因为果肉脱水后滋味会变浓郁。考古学家在瑞士湖泊旁的人类聚落遗址找到了迄今约4 500年前的风干野苹果残迹，也在美索不达米亚平原上位于古城乌尔的普阿比王后墓里找到了穿成一串的风干野苹果。野苹果是野牛、鹿、熊、野猪和獾等众多动物的盘中餐。由于树枝密实，野苹果树也成了小动物青睐的藏身之处。猫头鹰会在空心树干里养育雏鸟，蝙蝠也会在白天隐匿其中。

由于野苹果只有1英寸或2英寸（几厘米）大小，那些容易被挂着的小果子吸引的鸟类或许在它们的传播中起到主要作用。马儿也毫不掩饰对苹果的喜爱，尤其是偏甜的苹果。因此，科学家认为或许是游牧商人的马将小甜苹果带到了高加索地区和克里米亚半岛，阿富汗、伊朗和土耳其部分地区，以及俄罗斯库尔斯克市附近地处欧洲的区域，让它们成为这些地区的孤立物种。

栽培苹果（*Malus domestica*）有很多品种，是中亚目前依然存在的野苹果品种之间杂交的产物。科学家已经证明，这一地区地貌多变，半干旱地、高原和山峦交替存在，土生土长的植物种类尤其丰富。当地的一小片空间内也会存在南辕北辙的生长环境。研究人员相信，正是这种参差的环境促进了早期水果种类形成的过程。

天山山脉斜坡上的果树林很可能在这场进化大戏中担纲了主角。这些高山延绵跨越了中国西部和乌兹别克斯坦超过1 000英里（1 600千米）的土地。这里能找到很多北半球温带常见的水果种类，从苹果到梨、榅桲、杏子、樱桃、李子、蔓越莓、覆盆子、葡萄和草莓，还有扁桃仁、开心果、榛子和胡桃。

该地区拥有所需的一切气候条件和生态条件，包括地形多变、植物种类多样，还流淌着超过200条河流，再加上几乎每个方向都有沙漠作为缓冲地带，这片土地得以长时间与世隔绝。当地的苹果树出产形状、大小各异的果子，口味也相当丰富，有些很甜，带有蜂蜜、茴芹或坚果的味道，还有一些则酸得无法入口。早期甜口野苹果是我们栽培的所有苹果的祖先，在中国，它们或许是在几百万年前从原产地来到天山的。

多亏了人迹罕至的地理位置，以及维持到近代、令这一地区远离人们视线的政治绝缘状态，天山保存下来的一片片小森林令人啧啧称奇，成为立志研究野生植物并保存它们遗传基因的植物学家心中的朝圣地。约翰·帕尔默就是这样一位研究者。他是第四代塞尔伯恩伯爵，在自己位于汉普郡的庄园里花了近半个世纪时间打理一片果园，还曾经担任过英国皇家植物园（邱园）的理事会主席。为了进一步了解苹果如何在野外生长，他探访了准噶尔阿拉套山在哈萨克斯坦境内的地区，距离中国边境不远。他写道：

我们第一次看到以苹果为主要物种的树林，林中也有杨树和槭树。许多苹果树上还寄生着啤酒花。我也曾在汉普郡种植过苹果树和啤酒花，但做梦都没想到这两者可以在野外亲密共存。假如我模仿托波列夫卡的野生森林，就可以直接让啤酒花沿着已有的"布拉姆利"苹果树生长，不需要像之前那样使用桩子和金属丝来引导生长方向，从而省下一大笔钱。由于五月份仍在下雪，结果的苹果树很少。我习惯见到树间距一致、修剪齐整的果园，因此在初见野生苹果林时受

果园小史

到了文化冲击。树与树纠缠在一起，难舍难分，摘果子吃的熊还会折断树枝。大部分新树是老树萌发的根出条，一起形成一片难以穿透的乱林。

尽管这处人间伊甸园自由生长，完全没有人力参与，并且至今依旧远离人烟，但树林和其中蕴藏的基因宝库仍然岌岌可危。栽培苹果树的花粉是威胁之一，啃食幼苗的野马构成了另一项威胁。

这片森林里的野果是如何传遍亚洲并继续向西方传播的呢？对于早期人类来说，中亚丘陵地带和平原上的夏秋两季时光一定舒适宜人。骑在马背上穿越亚洲腹地的游牧民族所使用的路线有至少1 000年历史。后来，商人们一定曾带着苹果，走过大名鼎鼎的古老商道——丝绸之路。自东向西行的商队不仅装载了大量丝绸和陶瓷制品，还携带着食物，这些食物并不全是用来让旅人在漫长路途中果腹的。

塔什布拉克是游牧民族在乌兹别克斯坦西北部建立的一个聚居点，坐落在帕米尔高原边界上，海拔约7 220英尺（2 200米），那里曾出土过有趣的线索。在挖掘一片中世纪垃圾场时，人们发现了来自附近树上的核桃仁，但同时找到的还有葡萄和桃子残骸。这两种水果都生长在气候温和的地方，或许来自撒马尔罕绿洲城镇附近或西边的布哈拉城。

在马可·波罗到访后一个世纪，西班牙人罗·哥泽来滋·克拉维约才来到此地探访，不过他仍是已知最早来到此处的欧洲人之一。1404

年8月末，他瞥见撒马尔罕郊野一个类似公园的大型果园：

> 我们看到果园周围有一圈高墙，周长或许有整整一里格[1]，果园内有各种各样的果树，唯独没有找到酸橙和香橼……远处有六个大水箱，能形成一股巨流，可以从果园一端流到另一端。园中铺就的林荫道连接着水池，路边种了五列亭亭如盖的高树。从大道上又伸出一些小径，给设计增添了新鲜感。

在果园另一边是一座规模相当的葡萄园。

苹果是一种几近完美的水果，比起很多水果，它们的储存时间更长，能够承受更远距离的运输。或许人们很早就发现，干苹果片甚至更容易保存，因为晾干后就不会吸引昆虫，促进食物腐烂的细菌或霉菌也没了可乘之机。有些苹果在晾干后苦味也会减少。中世纪，人们主要用野苹果给其他食材调味。此外，木工和木匠也非常珍惜苹果树那通常带有螺旋纹理的坚硬木材，用它来制作钟表的指针、踏车、螺杆和家具贴面。

有句流传很广的英语俗语叫"苹果不会落在离树远的地方"，引申含义是"有其父必有其子"。单从字面理解，这句话揭露了苹果一旦成熟就会立刻落地的事实。苹果树和果子之间的交流促成了这种因果反应。苹果成熟时会产生乙烯，当苹果树接收到这个信号，树叶就

1
旧时长度单位，1里格约等于5千米。

右页图
瑞典艺术家卡尔·拉森呈现了丰收时节苹果园内的景象，20世纪早期。

果园小史

开始释放脱落酸这种发育激素，导致小树枝和苹果梗之间形成一层屏障，从而切断养分供给，导致苹果掉落。

　　我们可以继续想象这个苹果如何逐渐腐烂，其中一颗苹果籽进入掉落地点的土壤中。不过，随之长出的树苗前景并不乐观，它的母树会挡住阳光，并与其争夺水和养分。为了得到苗壮成长所需的阳光和空气，苹果树之间必须保持一定空间。接着，鸟儿和动物会来帮助苹果树传播种子。有趣的是，苹果籽在初期含有天然萌芽抑制因子，可以帮助它们抵御严寒。苹果籽需要经过一个冬天的等待，吸收水分并膨胀后，在随之而来的生长期开始发芽。假如没有完整经历这个过

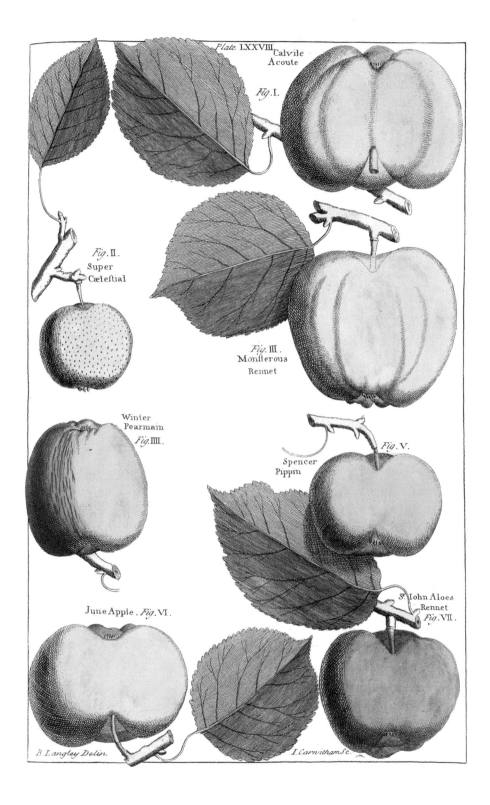

Plate LXXVIII.

Calvile Acoute

Fig. I.

Fig. II.
Super Cælestial

Fig. III.
Monsterous Rennet

Winter Pearmain
Fig. IIII.

Fig. V.

Spencer Pippin

St. Iohn Aloes Rennet
Fig. VII.

June Apple. Fig. VI.

B. Langley Delin.

I. Carwitham Sc.

程，苹果幼苗会在寒冷的冬天冻死。

抛开种子传播这个角度，认为苹果"有其父必有其子"从本质上误解了苹果的遗传特性。有些人类孩童确实酷肖父母，这与这句俗语的含义一致，但苹果籽可不一样。每颗苹果籽都包含不同版本的遗传基因，其中最古老的基因一般也最强势。这样一来，大部分从苹果籽长成的苹果树结出的果子甚至无法达到人类的食用标准。这样的后代实际上与母树"相隔甚远"。

由此可知，从种子长成的果树很少能拥有与亲本一模一样的特征。其实，要想培育出一批基因特征相同的果树，须得避开有性繁殖这个自然过程。想复刻格外诱人或好吃的果树或水果，需要通过嫁接手段进行人为干预。从表现优异的树上取下一截新枝即为接穗，而另一棵树树干的一部分加上根系叫作砧木。嫁接就是将接穗移接到砧木上。想要嫁接成功，接穗的形成层，即树皮下的一层分生组织，必须跟砧木的形成层连接在一起，这样二者间才能形成新生组织，真正结合。这个过程需要二到四周时间。

假如每一步都不出纰漏，接穗和砧木也没有产生排斥，两者便融为一体，成为复制品，自然克隆出提供接穗的那棵果树。砧木能够确保新树吸收水分和养分，还能从不同方面影响树苗的生长。嫁接还能加速果树成熟，假如接穗取自一棵老树，那么不管砧木年龄几何，新树都继承了老树发育成熟后的开花行为，将提前开花结果。

嫁接让果树培育进入全新阶段，也让培育出后代特征稳定的水果

左页图
巴提·兰利出版于1729年的《果树女神波摩娜》一书中的苹果插图。该书承诺提供"改良英国现存最佳水果品种的可靠方法"。

品种成为可能。一千年间，人们一直在稳步改进这项技术。

没人知道嫁接技术究竟是如何出现的。巴里·E.朱尼珀和戴维·J.马伯利孜孜不倦地研究苹果的进化史，提出了一个有趣的理论，认为田间劳作的农民或许无意间发现了自然嫁接的过程。比方说，毗邻的植物长成一团，纠缠在一起的部位有可能融为一体并自动发出新根。观察到这一现象后，人们或许会得到灵感，开始有意创造出这样的结合体。有可能在不同地区都有人发现这个现象，随着时间流逝，这项技术也被运用到不同种类的果树上。

找出哪些植物适合嫁接、哪些不适合是一个复杂的课题，并且有不少影响因素。一段时间后，人们积攒了经验，明白哪些水果种类的配对可以兼容。一条基本原则就是两棵植物必须有相对较近的亲缘关系。两棵树的基因越相似，它们的结合就越有可能成功。

砧木决定了嫁接出来的树能长多高，接穗决定了树能结哪种果子。今天，我们可以将梨树接穗嫁接到榅桲砧木上，但苹果树拒绝接受这样的跨种嫁接。扁桃树和桃树可以成功嫁接，但扁桃树和杏树却不兼容，尽管这三种树都隶属于李属。泰奥弗拉斯特似乎已经参透了这些规律，他写道："相似的植物总归可以结合，新芽似乎也是同样的品种。"但在历史上，关于哪些植物能够嫁接到一起，总会有人产生不可思议的灵感。比方说，有人认为将桑树枝嫁接到白杨砧木上可以得到一棵结白桑葚的树。

除了用生物法则指导植物嫁接外，文化潮流和宗教信仰也开始对嫁接产生影响，因为人们将嫁接类比为婚姻。这样一来，应当避免门不当户不对的嫁接，例如栽培苹果就不能和野生梨树结合。毕竟按道理来说，书香门第的孩子怎么能与目不识丁的粗人联姻呢。

随着时间流逝，栽培果树越来越多，野生果树比例下降。在这个过程中出现了与野生果树差别越来越大的栽培品种，反映出园丁和农夫的喜好。耐心是一项必要的美德，栽下一棵树后，至少要等三年才会开始结果。除此之外，树苗也需要格外悉心的照料。

今天也依然存在着无法被明确分类为"野生"或"栽培"的高产果树。例如，安纳托利亚半岛（又称小亚细亚半岛）中部的人会特意保护野生果树，主要是梨树，还有欧洲山茱萸、大西洋黄连木、扁桃树和美洲朴树。当地人会直接享用野果，有时也会取果子特别美味的老树的嫩芽，将其嫁接到年幼植物的砧木上。他们还会把人工栽培的油橄榄树嫩枝嫁接到野生油橄榄砧木上。

第五章

重温经典

　　古希腊人非常熟悉嫁接技术。他们一直跟小亚细亚半岛上的邻居保持密切联系，既从他们那里获得果树，又向他们请教种植方法。荷马是已知第一个描写果园的人。公元前8世纪与前7世纪之交，他在《奥德赛》第七卷中描写了费阿刻斯国王阿尔喀诺俄斯所拥有的果园。亚历山大·蒲柏将之翻译成华丽的文字：

> 大门旁是一片辽阔的果园，
>
> 能抵御暴风雨和恶劣天气；
>
> 果园占地四英亩，

四面立起绿色树篱。

高大的果树欣欣向荣，丰饶多产：

此地的红苹果成熟后变得金灿灿，

蓝色无花果流淌甘美的果汁，

深红色的石榴熠熠生辉，

沉甸甸的梨子压弯了枝头，

一年四季都有青翠的油橄榄……

每落下一只梨，便又结出一只，

苹果复苹果，无花果复无花果。

《奥德赛》中还描写了奥德修斯之父拉厄耳忒斯的家园，除了宅邸、奴隶居所、动物圈厩、田地和葡萄园外，也提到了与阿尔喀诺俄斯花园中相同的水果。

希腊语中的"果园"有时是与英文词orchard相近的orchatos，有时是kêpos。很难准确概括后者的意思，从某种程度来说，这个词的含义就像它所描述的花园本质一样飘忽不定。考古学家玛格丽特·海伦·希尔迪奇是这样分析kêpos这个概念的：

三大基本"共鸣"是：里面照看的是非常珍贵的植物；奢侈、特殊、有东方元素；有既魅惑又危险的女性出现。这三点再加上希腊风景，让花园成了定义模棱两可、暧昧不清的空间。

64 —

城市外的果园选址在河边或溪边，这样可以确保供水。例如，生活在公元前600年左右的古希腊诗人萨福描写过一个纪念女神阿芙洛狄忒的地方，那里有苹果树和草地，还有咕嘟冒泡的泉水，很明显灌溉着这片土地。

有趣的是，人们认为无花果树起源于波斯，但荷马却这么早就提到了希腊的无花果栽培。无花果的授粉过程很复杂，大多数情况下只有与榕小蜂合作才能成功。除了雄花和雌花外，无花果树还会长出瘿花，作为榕小蜂的繁殖场所。但体内包裹着榕小蜂的无花果不符合食用标准，所以果树专家特地培育出只开瘿花和雄花的品种（野生无花果）以及只开雌花的品种。然后通过使用"虫媒授粉法"，将雄树小枝挂在栽培无花果树的树冠上方便授粉。这样改良过的雌树就能结出可食用的果子了。

希腊人还格外钟情从黑海地区传入的酿酒葡萄。希腊神话记载，宙斯之子狄俄尼索斯发现了这种植物并将之介绍给人类。伟大的哲学家柏拉图认为，"上帝没有给过人类比这更美妙或更珍贵的礼物了"。

外高加索地区（现在的格鲁吉亚）发现了目前已知最古老的酿酒葡萄种子，这些种子可以追溯到公元前6000年。或许在那之前人类就已经开始种植酿酒葡萄。早期葡萄种植者会特地选择可以自花授粉、不需要与其他植株合作的品种，这样可以确保所结葡萄一直维持纯育。直到今天，大部分用于酿酒的葡萄品种都是自花结实的。来自6 000年前的

证据表明，高加索西部地区也发明了将葡萄汁发酵成葡萄酒的技术。格
鲁吉亚人现在依然使用几千年前的技术来酿造葡萄酒。其中一个环节是
把当地人称作"克韦夫利"（kvevri）的陶罐埋在地下五到六个月，以
此催熟罐中的葡萄酒。这可谓活态考古学的一个范例。

希腊历史学家早就对该地区了如指掌。希罗多德写道："众多民族生活在高加索地区，他们中大部分人依靠野果为生。"他还知道里海东边的人有办法将收获的水果保存期限拉长到一整年："冬天他们从树上摘果子作为食物，还会等果子成熟后储藏起来，留到以后再吃。"他指的或许是李子。众所周知，李子既可以吃当季新鲜的，也可以制成果干。

　　泰奥弗拉斯特（约前371—前287）是古希腊水果栽培领域的泰山北斗，被誉为"植物学之父"。他作为该学科的实操奠基人之一，影响至少持续到17世纪。传说他会一边漫步在自家花园的小径上，一边传道授业。他在花园里栽种了各种各样的树和植物，作为自己采集的植物样本。他的两大植物学专著《植物研究》和《植物本原》仅有残本流传下来。在书中，他提到了六种苹果、四种梨、两种扁桃以及榲桲。他还描述了一种生长在高树上的红色圆形水果——樱桃，这也是樱桃第一次出现在书里。当时肯定已经存在多种酿酒葡萄，因为他写道："田垄一望无垠，品种数不胜数。"人们通过嫁接来繁殖各种各样的水果，假如遇到像桃子这样的自花授粉水果，就用果核做种子。泰奥弗拉斯特还提到当时在东方流行已久的海枣人工授粉技术。他将桃子归类为来自波斯的水果，或许是因为亚历山大大帝把桃子从波斯带到希腊。事实上，我们现在知道桃子的发源地在中国北方，早在约公元前2000年当地人已经开始种植。后来，丝绸之路上的旅人才带着桃核来到波斯和克什米尔。

人们总容易受到诱惑，去摘别人树上的果子，折断树枝，甚至把整棵树砍掉当柴火。当两方产生敌意时，树木往往会遭到故意摧残。感谢古代雅典立法者德拉古编纂的法律（约前620），我们了解到树对于普罗大众的福祉有多么重要，以至于盗窃和毁坏树木的人最高会被判处死刑。

罗马人进一步拓展了希腊人已经了解到的水果知识。一开始，罗马人餐桌上的大部分水果来自野外的果树和灌木丛。在神话传说里，一匹母狼拯救了后来创建罗马的弃婴双胞胎罗慕路斯和雷穆斯，并在一棵无花果树下给他们喂奶。那可不是什么默默无闻的无花果树，正是古罗马广场中央的那棵圣树（*Ficus Ruminalis*）。苹果树有专属的果树女神波摩娜为它们提供庇护。男神威耳廷努斯爱上了波摩娜，于是开始监管四季变换，特别关注季节对于果树健康生长的影响。（他的名字来源于拉丁词vertere，意思是变化或更替。）威耳廷努斯既年轻又风度翩翩，还身怀变形能力，就像种子可以变成水果一样。

历史最悠久的拉丁语农耕指南是由马库斯·波尔基乌斯·加图所写的《农业志》（*De Agricultura*），他也被人们称为"老加图"（前234—前149）。他认为葡萄是最重要的作物，紧随其后的是油橄榄、无花果、梨、苹果、扁桃、榛子和其他作物。在即将开始使用公元纪年前，维吉尔（前70—前19）在《农事诗》（*Georgics*）第二卷中探讨了果树种植的诸多方面。当时，或许因为越来越多人在森林里采集食物并把猪赶进

森林中觅食，导致神圣的森林里橡子和浆果供应不足，人们迫切需要实行系统性的种植方法。树苗尤其需要保护，等到树干发育完全，树枝开始向天空延伸，就可以放任不管了："就算这样，每棵树上依然会挂满沉甸甸的果子，鸟儿们常去的野外栖息地也会染上红色，结满绯红的浆果。"

在古罗马的诸多植物爱好者中，卢修斯·朱尼厄斯·莫德拉图斯·科卢梅拉（4—70）有着崇高的地位。他在世时，古罗马水果培育水平达

上图
法国圣罗曼昂加勒的一幅马赛克镶嵌画，画中人正在嫁接果树，约公元200—225年。

到巅峰。他的著作《农业论》（*De Re Rustica*）的英文书名与老加图的《农业志》一样都是*On Agriculture*。在这本书里，科卢梅拉列举了促进农业和水果种植业兴旺发达的主要因素，包括小型和中型土地的长期所有权、农业专业化与投资、城市消费者日益增长的需求，以及奥古斯都大帝监管下所制定的利农政策。

针对如何规划果园，科卢梅拉提供了非常明确的指示，还给出一些小窍门，告诉人们种植无花果树、扁桃树、栗树和石榴树的最佳时机。他对梨树也颇有研究：

> 不要等到冬天，秋天就将梨树种下，这样与仲冬至少间隔25天。要想果树发育成熟后开始结果，就沿树挖一圈深沟，在最靠近根的树干部位割口，将楔形刚松木块插到割开的裂缝里，不要取出。然后把挖松的土填回去，再在地面撒灰。必须小心翼翼地在果园里栽种所能找到的最优秀的梨树。

这些建议中至少有一部分听来可信，但我们无从得知这些方法在当时有没有真正发挥作用。无论如何，书中关于嫁接的一些观点已经被证实是错误的：

> 只要两棵树的树皮一致，任何品种的接穗可以嫁接到任意一棵树上；假如这两棵树还在同一季节结果，且果实类似，那就可

以毫无顾虑地进行嫁接。

跟这些错误的包票一起出现的还有占星学秘诀，例如，科卢梅拉建议人们应当在月相从朔月变化至望月期间完成一切必要的嫁接。

要说深入细致，老普林尼（23—79）比他那些卓越的前辈做得更好。他的《博物志》共有37卷，描述了1 000种植物，包括39种梨、23种苹果、9种李子、7种樱桃、5种桃子和6种胡桃。不过，品种收录最全面的还是酿酒葡萄，高达71种。科卢梅拉在自己的书中只涵盖了意大利所知的品种，普林尼则不满足于周围那一亩三分地，而是囊括了希腊、高卢、东方和西班牙的植物品种。他甚至声称存在一种无籽苹果，这可是很多果树专家长期以来追求的梦想，直到最近才被实现。

传统罗马花园创建于公元前6世纪到公元5世纪之间。不管这些花园是坐落在意大利半岛上，还是位于古罗马征服的北非、小亚细亚半岛、伊比利亚半岛等行省，又或者处于中欧或西欧地区，都能反映出所在地的气候条件。同样，随着罗马帝国版图扩张，海枣、石榴树、李树和樱桃树等新物种也来到"永恒之城"以及罗马疆域内的其他地区。

果园都建立在城市附近，方便将水果即时运送到城内的市场中。显然，当水果还挂在枝头时，商贩已经开始竞拍。按照老普林尼的描述，树上挂着的可都是白花花的银子：

说起果树，城市附近地区种的果树大都不错，一棵树一年的

收成价值约2 000塞斯特斯[1]。单是一棵树
所带来的收益就超过以前的一整座农庄。

在罗马和那些被维苏威火山摧毁的城市
里，我们发现一些家宅内的壁画里画着果树花园，
可以借此来领略当时那些花园的风采。罗马莉薇娅别墅
"花园房"内的壁画就是一个例子。这幅壁画创作于公元30年左右，
呈现的是挂着果实的石榴树丛，有些石榴已经熟得炸开。同样令人惊
叹的是位于庞贝古城的"果园之家"（Casa dei Cubicoli floreali或Casa
del Frutteto）内的壁画。其中一幅画呈现了花园美景，能看到夹竹桃、
香桃木、柠檬树和樱桃树。另一幅画中，细心的看客会发现一棵无花
果树，树干上还有一条蛇潜行向上，显然对成熟的果子虎视眈眈。壁
画中还出现了篱笆、花瓶和雕塑，在果园之家的考古勘探现场也发掘
出相似物品的残骸。这样看来，壁画似乎是为了营造出让花园显得更
大、更漂亮的视觉效果，跟我们现代常见的壁画式照片有异曲同工之
妙。鉴于在此地找到约100个双耳陶罐，研究人员相信，在公元79年维
苏威火山爆发之前，房子的最后一任主人是一名酒商。

　　美国考古学家威廉敏娜·F.亚舍夫斯基的研究很好地阐释了庞贝古
城居民的花园是什么样的。大部分宅子都有至少一座花园，有些甚至
有三四座列柱围廊式大花园，即四周围着有柱廊的走道的花园。历史
更为悠久的那些房子后院通常是花园，里面种有蔬菜、果树、油橄榄

1
古罗马货币。

左页图
罗马莉薇娅别墅
内的一幅壁画，
制造出身处花园
之中的幻觉，公
元1世纪。

树、坚果树，以及一些葡萄藤。没有证据表明庞贝人将装饰性花园和生产性花园区分开来，就像埃及和美索不达米亚地区一样，两者之间的界限是模糊的。

亚舍夫斯基进一步解释说，由于当地天气不错，居民愿意花很多时间待在家旁边的花园里。在户外花园中，他们在躺卧用餐区吃饭，斜倚在砖石沙发上，享受周围的藤蔓带来的阴凉。有时他们会做一些编织羊毛之类的活计，有时则单纯地休息。人们用日晷来计时。花园中的雕塑强调了大自然中的神迹：例如，在"男青年之家"[1]遗址花园里，有一座小神殿供奉着波摩娜女神像，她手中装满水果的贝壳里有一股水流落到下方的池子中。很明显，这些花园的设计者会抓住一切机会表达对神明的敬意。骨头残骸说明时人还会采用一种常见的安保方式——养看门狗。壁画中出现的鸟类，包括紫水鸡、鹭和白鹭，在现实生活里也经常造访花园。并且，太阳落山后，人们还会继续使用室外空间。在温热的夏日夜晚，空气清新的花园比沉闷的室内更吸引人。证据表明，有些花园晚上会点燃枝状大烛台来照明。

古城庞贝和赫库兰尼姆附近的维苏威火山山坡上不仅有许多果园和苗圃，还有售卖当地土产水果的集市。亚舍夫斯基描述了庞贝"逃亡者花园"西边的一处花园。很明显，这座花园的部分区域曾用于商业化种植，因为考古学家辨别出植物是以南北为轴成列栽种的。

花园北边除了各种树和其他植物外，还有一个贮水池，或许曾用来采集房子屋檐落下的雨水。一道压实的浅坑引领人们穿过花园来到

1
"男青年"
（ephebe）在古
希腊指18～20岁
的青年。

果园小史

三株大树树荫遮蔽下的用餐区，这道浅坑既有可能是走道，也很有可能是灌溉渠。考古学家甚至发掘出石头祭坛，证明此地曾经进行过祭祀活动，可能是燔祭和血祭。现场发现的骨头和壳（来自牛、猪、山羊、绵羊和蜗牛）能告诉我们在火山喷发掩埋一切之前，人们在花园里享受过哪些餐食。祭坛上焚烧过动物内脏，说明神明也享用了他们的份额。园丁在花园各处挥撒有机肥料，确保泥土肥沃，且在其中混合了储藏水分的浮石来防止植物脱水。

小普林尼是古罗马的一名律师和元老院议员，他让我们得以窥见古罗马绚丽夺目的花园。在那些花园里，果树也是装饰点缀的一部分。小普林尼会定期从他的工作和公职事务中抽身，来到他在城外的几所宅子度假。其中有座乡间庄园位于劳伦图姆海岸，离奥斯蒂亚港口不远。当然，假如不能自产一些粮食就算不上是正宗的乡间庄园，因此小普林尼的花园里也毫不意外地种了蔬菜、果树、葡萄和油橄榄。小普林尼在一封写给朋友加卢斯的信里描述了这处房产，听起来非常怡人：

> 车道旁边沿路是绿叶成荫的葡萄园，小径松软且易于行走，甚至可以赤脚走在上面。花园里主要种着无花果树和桑树，正适合此地土壤，其他植物则难以适应。尽管饭厅看不到海，但花园景观一样令人愉悦。两个套间位于花园后方，窗户正好俯瞰庄园入口，将精美的菜园尽收眼底。

———
上图
意大利庞贝古城
的当代照片。

　　这类宅子的庭院设计可以应付各种天气情况，还能挡风。毕竟像小普林尼这样的罗马精英阶层经常心力交瘁，迫切需要这种可以脱去官袍、尽情享受四周美景的机会。

　　小普林尼的另一座宅邸在托斯卡纳区的古城图斯库卢姆附近。在另一封写给元老院同侪多米提乌斯·阿波利纳里的信中，小普林尼描述了那处花园中的不同元素如何相互影响。有时自然风景被人工改造成艺术品，有时又可以保留一些毫无规律、未经雕琢的品质：

> 这边是一块小草坪，那边的方形[树篱]则被修剪成1000种不同形状，有时是拼写出主人名字的字母，有时则是艺术家的名字；各处散布着小型方尖碑，跟果树交错混杂；在一片规律端正的雅致景色中，又时不时会冒出效仿乡村自然那般不经雕琢的美景，令人惊艳。

这些花园和果园里结的水果最终都去哪儿了？有些趁着新鲜吃了，有些则拿去加工。葡萄成了美酒，坚果被晾干。并且，博学多才的学者马库斯·泰伦提乌斯·瓦罗（前116—前27）写道，当时储存苹果的技术已经颇为发达了：

> 人们认为把[苹果]集体铺在稻草上，放在干燥阴凉的地方，可以良好储存。因此，水果仓库的建造者会小心设计朝北且通风的窗户。这些窗户还配有活动护窗，这样可以在多风季节防止水果萎缩并流失果汁。为了让仓库保持阴凉，人们还在天花板、墙壁和地面上涂抹了一层大理石水泥。

油橄榄同样是当地人悉心采集和加工的主要作物。自古以来，人们都会用长杆将果子敲下并捡入篮中。人们只会把很小一部分收成当作新鲜水果吃掉，而将大部分油橄榄送入压榨机，用旋转的石头将其碾碎，提取出橄榄油。珍贵的液体会从压榨机上直接引流到地下储油箱中，人们再用陶罐打油带回家。

罗马帝国的版图最终扩张到欧洲中部和西北部。想了解罗马人当时遇到的景象，我们得先回顾一下他们到达之前这些地区的情况。

下图
小普林尼常常躲到他在第勒尼安海岸附近的花园里。

在博登湖以及整个瑞士北部和上奥地利州对新石器时代（前3500—前2200）干栏屋村落的考古挖掘表明，当时已经存在苹果、梨、李子、甜樱桃和榛子，偶尔也能找到胡桃。不过，这些水果的存在不能说明当时已经形成发达的水果文化。尽管可以想象人们或许会在居住地附近栽种树苗，但他们肯定对嫁接和修剪技术一无所知。不过，考古学家发现了厚厚的压缩苹果皮，足以证明古日耳曼部落已经知道该如何发酵果汁。

在罗马帝国占领英国前，本土唯一与水果相关的考古发现是野生覆盆子（出现在巨石阵附近以及剑桥郡西皮亚山）、来自新石器时代和青铜时代中期的酸樱桃（出现在格洛斯特郡的诺格罗夫长冢和诺森伯兰郡的霍黑德村），以及同样来自新石器时代的野苹果籽，出土于威尔特郡的温德米尔山。上述水果都是采摘得来的，但并非出自栽培果树。

总而言之，英国当时的气候并不适合早期水果种植。塔西佗写道：

> 天气极其恶劣，总是下雨、起雾，不过不至于到酷寒的地步。此地的白昼比我们家乡长……土壤也能产出不错的作物，除了油橄榄、葡萄藤以及那些通常在温暖地带长势较好的植物。果实成熟很慢，但生长很快，两者都是因为此地土壤和空气极度潮湿。

尽管迎接罗马人的是阴郁、潮湿的气候，但他们还是做足准备，打算将经验从南方大陆带到沉闷枯燥的英国海岸。尽管塔西佗声称葡萄藤在不列颠群岛无法茁壮成长，考古学家还是找到了七处罗马式葡萄园的遗迹，其中有四处都位于北安普敦郡。该区域的宁河谷显然是葡萄酒酿造的热点地区。例如，在沃拉斯顿村附近的考古挖掘令占地面积至少30英亩（12公顷）的葡萄园重见天日，他们采用的酿酒方式与老普林尼和科卢梅拉描述的地中海酿酒法如出一辙。

其中一处葡萄园遗址发掘出的栽植沟面积很广，足以承载4 000株葡萄藤，每年可以生产多达2 650美制加仑（10 000升）葡萄酒。其中大部分可能采用没有完全成熟的葡萄酿成，榨汁后添加蜂蜜来提升甜度，成品为味甜有果香的棕色饮料。人们将如此得来的混合物装在双耳细颈酒罐或酒桶里发酵，且必须在六个月内喝完。由于葡萄采摘是在九月末，因此只有冬天和春天可以喝到这种酒。一年中的其他时间，葡萄酒爱好者只能用葡萄干制成的替代品来凑合一下。

当然，罗马人也将来自意大利和欧洲大陆其他地区的水果品种带到英国。西萨塞克斯郡的考古发现表明，帝国的这个角落也受到了罗马花园文化的影响。考古学家在菲什伯恩找到了阿尔卑斯山以北最大的罗马式庄园遗址之一。马赛克地砖是此处最引人瞩目的特色景观，但庄园内的花园也有一部分得到重建。尽管我们无法确认花园中是否曾有果树，但园丁很可能至少做过尝试。毕竟，当时果树栽培技术已

经较为先进，英国南部的气候也非常温和。当然，这种气候对于在阳光灿烂的欧洲南部土生土长的品种来说还是颇具挑战。

尽管塔西佗没有明确提到苹果和李子，我们却几乎可以肯定罗马人曾在英国种植过这两种果树。肯特郡以果园闻名，当地的第一家果园或许就建立于罗马占领时期。锡尔切斯特考古挖掘出的桑葚种子一定也来自舶来植物，因为桑树并非大不列颠群岛上的本土植物。罗马人还带去了甘甜的欧洲栗和胡桃。总结来说，罗马人给英国自然世界留下了不可磨灭的印记。整个罗马帝国境内皆是如此，植物种群发生变化并自此走入新的发展阶段。在这一阶段，欧洲各地区之间会继续以全新的方式进行交流——通过修道院和女修道院所构建成的体系。

第六章

人间天堂

　　6—15世纪期间，天主教修道会（尤其是天主教本笃会）在中欧和不列颠群岛上建造了很多美名远扬的花园。对于这些需要自给自足的宗教团体来说，花园是获取水果、蔬菜和香草（包括香料和草药）的主要来源。

　　当我们想到大部分宗教团体尤其是早期教会遵循的是以素食为主的饮食传统时，就更能理解这些植物产品对于修道士和修女来说有多重要了。除了大斋节期间，剩下时间他们可以食用牛奶、鸡蛋和奶酪。在大斋节期间，允许食用鱼肉，因此许多男修道院和女修道院都蓄有鱼塘，里面常常养着鲤鱼。反之，禁止食用四足动物的肉。这一时期的食谱书，如意大利名厨马蒂诺大师在1460年出版的《烹饪的艺术》，告诉我们当时人们很少直接食用水果。将水果烹煮之后再吃是典型做法。当然，不能否认，偶尔人们也会直接把树上摘下的果子当作小零食吃掉。

《圣经》中的天堂里没有季节更替，也不需要有人从事辛苦的园艺工作，万物无须照料却依旧欣欣向荣。当然，现实生活中的花园与此迥然不同。我们很容易想象出修女和修士在石墙内安静劳作、与自然和谐共处的浪漫场景，这在中世纪早期或许可能发生，因为当时的花园规模相对较小且容易打理。后来，男修道院和女修道院都成了商业机构，生产的货物不仅供自己使用，还会售卖给出手阔绰的外界客户。雇用编外园丁势在必行。普伏尔塔修道院是12世纪一座天主教西多会大修道院，位于现今德国东部。以该修道院为例，记录显示修道院内曾有一位园艺大师专门负责打理果园。许多修道士和修女都出身贵族家庭，加入宗教团体并不意味着他们必须放弃优渥的生活。此外，响应本笃会格言"ora et labora"（意思是"祈祷和工作"），一天中的大部分时间，教会成员通常用来祈祷和阅读。这就意味着尽管教会一直是主要负责人，费时费力的体力劳动却通常由雇来的帮手完成。

学者在瑞士圣加仑修道院图书馆里找到一份本笃会修道院平面规划图，为我们了解中世纪花园的形式提供了优秀的信息来源。这份规划图或许绘制于公元816年，于1604年被发现，但直到19世纪中期才有人仔细研读。

该平面图的绘制背景不详，也有可能是一张从未付诸实践的草图，但仍然为我们了解修道院的规划提供了宝贵线索。除了展示各式各样的建筑外，平面图还标注出药草园（herbularius）、蔬菜园（hortus）和果园（pomarius）的方位。在我们眼中，果园的一处细节显得很不同寻常，那就是它也兼做墓地。不过，这块地被选中身兼双职并非偶然。一年之中，果树经历自然循环，冬眠、开花、结果，这个过程既能类比人的一生，又象征了耶稣死而复生。中世纪流传甚广的一个传说进一步加深了这种联想。传说中，有人将接穗嫁接到死树的树干上，结果枯木起死回生。

平面图中展示了以一根高耸的十字架为中心整齐排列的修道士坟墓，分布对称。拉丁铭文写着："十字架周围躺着修士们毫无生机的躯体；当永恒之光闪耀时，他们将起死回生。"象征救赎的十字架上刻着："世上所有树中十字架是最神圣的，它所结的永恒救世之果散发着甜美芬芳。"

规划图上，所有树都以一模一样的树枝图案表示，但标注了不同品种，有苹果（mal）、梨（perarius）、李子（prunarius）、欧楂（mispolarius）、栗子（castenarius）、桃子（persicus）、榛子（avellenarius）、胡桃（nugarius）、桑葚（murarius）、榅桲（guduniarius）、扁桃（delarius）、月桂（laurus）、花楸（sorbarius）、无花果（ficus）和松树（pinus）。其中，苹果、梨和榅桲出现得最频繁。

瓦拉弗里德（808—849）是一名本笃会修士、植物学家以及法国卡洛林王朝时期的作家。我们很幸运能看到他的作品，从中获得更多信息。瓦拉弗里德又被人们称为"斯特拉博"（意思是"斜视者"，显然是因为他的眼疾），孩童时期就在博登湖地区的赖歇瑙岛上加入修道院，后来还担任该修道院院长长达十年。在一首关于园艺的诗歌《论花园种植》中，他对自己的老师格里马尔都斯神父说：

> 您坐在您那篱笆环绕的小花园里，坐在果树郁郁葱葱的树荫下，支离破碎的阴影中可以看到树顶挂着桃子。男孩

们，您那些欢快的学生，摘下毛茸茸的浅粉色嫩果，用小手
尽力拢住大桃子，放在您的手心。

　　这样的花园里究竟会种哪些水果呢？查理曼大帝统治时期颁布了
一系列农业法规，被称为《庄园敕令》，类似这样的文献为我们提供
了一些线索。查理曼大帝的农业法旨在确保全帝国境内有充足的粮食
供应，包括均衡的苹果收成——既有酸苹果也有甜苹果，既有可以立刻
吃的苹果也有能供长期储存的苹果。这份文件里列举的苹果品种都已
不复存在。在漫长的种植史上，它们只是过眼云烟，等到新品种问世
便烟消云散。唯一剩下的只有朦胧的线索，让我们推测这些苹果可能
是什么样的。例如，"灰法国王后"苹果就被认为是仍在种植的"王
后"苹果的早期变种之一。这个品种可以追溯到12世纪在法国北部莫
里蒙成立的西多会修道院。
　　我们已经看到，在圣加仑修道院的规划图中，无花果树占据了重
要地位。可这是地中海地区的常见果树，习惯了南方气候的植物真的
有可能在中欧的修道院内生长吗？尽管所谓的中世纪暖期仅从公元900
年持续到1300年，但来自15世纪的信源显示，德国德累斯顿一座修道
院里的方济会修士就曾在花园中种过无花果树。据说，萨克森的阿尔
贝特公爵在1476年前往圣地朝觐后带回了无花果树。中世纪，一些柑
橘属水果品种也被世人知晓，或许它们也曾在修道院花园中占有一席
之地。多明我会修士大阿尔伯图斯（约1200—1280）是一位接受过大

学教育的学者，他写过一本书，其中提到了香橼（*Citrus medica*）和酸橙（*Citrus aurantium*）的花朵及香气。

据中世纪文献记述，有时修道院周围会围一圈果树。西多会认为认领并开垦修道院墙外的土地非常重要。他们在这一领域很有经验，并将之视作修行的必要部分。

14世纪末，波希米亚国王瓦茨拉夫四世在布拉格命人撰写的《圣经》中收录了很多插图，其中一张向我们展示了修道院外的果园可能是什么样子的。枝条编成的圆形篱笆有一处带有屋檐的入口，门后是一片果林和灌木，有些树上硕果累累。园内有九个忙碌的工人，有的在采摘果子，还有一个人看似抱住了一棵树，或许正在摇晃它。绘制于1165年的坎特伯雷基督教堂设计图中包含了不列颠群岛上最古老的修道院花园图片。设计图中的果园部分画了两个花园，尽管其中的树种难以辨别，但肯定结着果子。

天主教加尔都西会值得单独介绍一下。在加尔都西会修道院里，按照惯例，每名修士都有属于自己的小块土地，最大面积能达到1 000平方英尺（100平方米）。木制或石头制成的排水沟确保园中供水，修士可以自行决定种植什么品种。唯一的规矩是树不能长到影响隔壁土地植物采光的高度。

除了树以外，圣加仑修道院的平面图上还标记了蜂箱。蜂箱或许早已成为此类果园的组成部分，毕竟蜜蜂不仅能帮助植物授粉，产出的蜂蜡还能做蜡烛，蜂蜜又可以食用和用于烹饪。很难找到比果园和蜜蜂更完美的共生关系了。对于修道士来说，蜜蜂还有一层象征意义。由于从来没有人看到过蜜蜂交配，所以它们成了禁欲的代表。这样一来，在制作点亮修士们礼拜场所使用的蜡烛时，没有比蜂蜡更合适的原料了。

这些修道院花园中的氛围如何？早期基督教隐士的行为极大影响了宗教教会的发展，正是隐士们离群索居的生活让他们得以在冥想中度过人生。在安静且相对与世隔绝的修道院花园中，花朵和香气显得格外有冲击力。《教父列传》（Vitae Patrum）是法兰克编年史作家图尔的格雷戈里在公元580年左右书写的一部作品，其中描写了圣马蒂乌斯在克莱蒙创立的一所修道院。圣马蒂乌斯是一名终身教士，逝于鲐背之年。他在书中写道：

左页图
波希米亚国王瓦茨拉夫四世命人撰写的《圣经》中一座有围墙的果园插图，14世纪末期。

有一座属于修士们的花园，种满了各种各样的蔬菜和果树。花园里景色优美，产量喜人。上帝保佑的那位老人曾经常常坐在园中的树荫下，聆听树叶在风中细语。

在那座花园和其他花园里，修士和修女们阅读着古代作家维吉尔和奥维德的著述，并按照他们自己的基督教信仰进行阐释。柏拉图、伊壁鸠鲁和泰奥弗拉斯特都曾在花园中与学生会面，共同进行哲学探讨，这一传统也延续到中世纪。阅读古人对花园和自然的描述影响了修士和修女们对周遭植物的看法。

来自15世纪的文字展现了果园为宗教团体带来的其他好处，这一次让我们以法国克莱尔沃的修士们为例。在现代医学出现之前，患病的修士能从果园中得到许多慰藉：

各种各样的果树……就在医疗室附近，为生病的修士提供了不少安慰。对于可以行走的人来说，这是一个宽敞的散步场所；对于发热病人来说，这是一个安逸的休息地……病人就地坐在茵茵绿草上……令人愉悦的碧草和绿树让他们大饱眼福，更开心的是眼前还挂着饱满的果子……生了一场病，慈悲的上帝却送来诸多抚慰——清澈明朗的晴空和生意盎然的土地，病人的眼睛、耳朵、鼻子吸收着让人幸福的色

彩、乐曲和芬芳。

上图
《健康全书》中收
录的蜂巢插图，
14世纪末期。

　　不能低估修道院在推动植物栽培技术发展过程中的重要作用。这是一个活跃的信息交流体系，促成了更优良的水果品种出现，南方地区的植物也得以系统性引入和传播。修士和修女也没有简单地从树林里采摘野生草莓和覆盆子，而是最早开始种植这两种水果的人。

右页图
法国中世纪诗歌
《玫瑰传奇》15世
纪版本中的插图,
展现了果园作为
游乐场的一面。

近些年,法国考古学家宣布了一个振奋人心的消息,他们正在试图重建近700年前阿维尼翁教皇宫的花园。在1309—1376年间,共七名教皇以阿维尼翁城为教廷圣址。当时罗马天主教皇受到法兰西国王的支配,意大利也处于水深火热之中。

阿维尼翁的第一座教皇花园由本笃十二世教皇于1335年建立。花园沿哥特晚期风格的教皇宫东侧铺开,占地约21 500平方英尺(2 000平方米),四面八方都竖立着厚厚的围墙。安妮·阿利芒–维尔狄永率领的一组研究人员发现了不同植物和水果的种子及植物残骸,包括种在陶罐里的葡萄藤和橙树。继任的每一位教皇都按照自己的品味改造了花园,添加了支撑藤蔓的棚架、装饰树,甚至还有凉亭和长椅。很容易想象出人们在花园中穿梭并享受这片空间的场景。

园丁们负责照料花园,还聘用男女助手完成除草、捉蜗牛和其他昆虫之类的简单工作。事实上,整座教皇宫唯有花园允许女性在内工作。格里高利十一世教皇被人说服,于1376年将教廷迁回罗马,原本的花园很快便无人照料。今天,致力于让花园恢复生机的研究人员希望他们从14世纪土层中找到的一些种子可以顺利发芽。

这让我们不得不问出一个相关问题:有可能复制出与历史上一模一样的修道院花园吗?按照圣加仑修道院的图纸从零开始似乎不太现实。但是约30年前,有人满怀雄心壮志地开始了一项可与之媲美的工程,并坚持至今。这对我们来说是件幸事。

1991年,两名来自巴黎的建筑师索尼娅·莱索和帕特里斯·塔拉韦

拉偶遇废弃的奥尔桑圣母修道院。这里一度隶属于卢瓦尔河谷中的丰
特夫罗修道院，是一个相对低调的机构。一个名叫罗伯特·达尔布里斯
勒的男子于1107年创办了奥尔桑圣母修道院。修道院庭院三面被诞生
于12世纪的建筑环绕着，庄严肃穆，那些建筑有着高高的红瓦屋顶。
莱索和塔拉韦拉发现这里的时候，只看到一片破败景象，猪圈、鸡舍
和其他附属建筑都已残缺不全。两位建筑师没有退缩，他们不仅买下
修道院，还拿下周围占地面积50英亩（20公顷）的森林和草地。头
几年时间里，他们清理碎石瓦砾、建立秩序，并为接下来的步骤做准

备。二人也没有天真到相信自己可以分毫不差地复原整个建筑群，毕竟他们甚至不知道原本的修道院长什么样。

二人从中世纪微型画、挂毯和文字中汲取灵感。他们也确立了一些基本原则，例如，只要有可能，尽量用木头作为建筑原料；必须手动使用简单工具来完成园艺劳作；使用粪肥、磨成粉的动物角和血粉等传统原料作为肥料。不过，他们选择了硫酸铜和生石灰混合物（又被称作波尔多混合剂）作为杀真菌剂使用，尽管严格说来直到19世纪人们才发明这个配方。他们也决定使用现代化灌溉系统，这样可以省下更多时间花在植物上。

与现实中的中世纪修道院花园一样，奥尔桑圣母修道院的花园里有品种多样的植物，但果树品种更加丰富。菜园的最大特色就是用70株李树设计成的绿篱迷宫，象征了通往耶路撒冷的朝圣之路。为了确保夏末的各个时间段都有成熟李子供应，莱索和塔拉韦拉选择了四个品种，有"圣卡特琳"李、"米拉别里"李、"雷内·克劳德金"李以及"阿尔萨斯紫香"李。附属建筑物的墙上装饰了整枝塑形成U形的苹果树和梨树。这些果树的品种名，包括"克龙切尔透明"苹果、"勒芒王后"苹果和"白卡尔维尔"苹果，都能唤起人们的情怀，不过这些都是800年前并不存在的栽培品种。

果园里还有一个小葡萄园，"白诗南"葡萄藤爬上柔韧的嫩栗树枝编成的栅栏，已经开始挂果。有些年份，人们会将收获的葡萄酿成带着独特蜂蜜香气的白诗南葡萄酒。

修道院东北边的一片牧场现在已经成为主要果园，那里保留了三棵古老的梨树。23个不同品种的苹果树按照五点梅花形排列。任何一个在游戏中玩过骰子的人都见过五点梅花形——一个正方形，四角各有一个点，中心也有一个点。简单来说就是骰子上的5。公元1世纪的罗马演说家昆体良在他出版于公元95年左右的重要著作《雄辩术原理》中描述了这个图案：

> 还有比五点梅花形更美丽的图形吗？不管你从哪个角度看它，都能连成一条直线……那么，接下来我要问，难道在果树种植时不需要考虑美感吗？答案毋庸置疑。我会按照特定规律来安排树的位置，让每棵树保持相同距离。

昆体良还相信，让树规则排列有利于树的发育和健康，"这样每棵树都能从土壤中吸取到相同分量的营养"。

浆果丛沿路长了一排，将修道院和果园隔开。香草园内，两株油橄榄树在炎炎夏日提供阴凉，冬天则被裹起来以抵御寒气。细心观察的人甚至能在此找到小棵橙树。

修道院已经从废墟中重生。多亏了索尼娅·莱索、帕特里斯·塔拉韦拉以及首席园丁吉勒·吉约的努力，我们得以想象当时生活在此处的修士们经历了什么。奥尔桑圣母修道院纪念了一个上帝与自然指引人类行为的时代。修道院花园内也隐藏了一个秘密。在修道院创始人逝世之前，他安排人把自己的尸体埋葬在一座大教堂内，心脏则留在奥尔桑。世界上还有更适合埋葬这颗心的地方吗？

纽约大都会博物馆的修道院分馆顾名思义也是一座复制了中世纪修道院的有趣建筑。修道院艺术博物馆位于曼哈顿岛北端，屹立在公园里的小山丘上，俯瞰哈得孙河。这栋综合型建筑在1938年对外开放，结构设计元素融合了法国各地的不同建筑。博物馆附属的博纳丰修道院花园四面环绕着柱廊，向罗马时期的列柱围廊式花园致敬。花园里有葡萄藤、篱架整枝过的梨树，以及一些椴椁。跟其他现存的"中世纪"花园一样，这座花园也是仿造品，但仍然能够营造出历史上那些花园内的氛围，让我们体会一下在花园里结满果实的树下待着是什么感觉。

《切鲁蒂府的四季》是意大利维罗纳人间流传的一册古抄本，内含大量微型画插图，是了解中世纪人如何看待并种植多种植物和树木的信息宝库。这部出色的文献还有一个名字叫《健康全书》，其中采用的分类系统与今天完全不同，以健康和饮食作为主导概念来指引植物分类，对我们来说非常陌生。字里行间传达的知识早在成书前很久就为人所知了。此书由阿拉伯传统医学提炼而来，而阿拉伯传统医学又汲取了狄奥斯库里得斯（40—90年左右）和伽林（129—216年左右）等古希腊名医践行的古希腊罗马传统医学之精髓。伊本·巴特兰是11世纪早期出生于巴格达的一名基督教医生，他的医学理念也影响了此书内容。

人们相信书中的206幅插图出自米兰艺术家乔万尼诺·德·格拉西之手。插图展现了14世纪晚期意大利北部的风俗习惯。特定的树和植物扮演了重要角色，再加上动物、香料、不同类型的水，甚至还有风。每幅插图都配有一则健康妙招，尽管今天我们可以质疑这些建议的可信度，但它们无疑提供了宝贵的视角，体现出当时的人是如何看待自然的。

虽然书中没有呈现完整的果园，但插图分开展示了果园的各个部分，让我们可以自行拼凑出完整的图像。所有插图按照季节分类，其中关于梨子（pirna）的词条可以体现此书的文风：

> 香气馥郁、刚好成熟的梨子会让血液变冷，因此适合性格暴躁的人食用，适合夏季食用，适合在南方食用。对于胃虚的人来说，梨子有益健康，但是不利于产生胆汁。可在食用后咀嚼蒜瓣作为弥补。

后面的内容声称，按照狄奥斯库里得斯的说法，将梨树灰溶解到饮品中可以治疗蘑菇中毒。读者得到的确切信息是这样的："将野生梨与蘑菇一起烹饪，永远不会中毒。"让我们祈祷轻信的读者没有将这一理论付诸实践。

修道院及其花园或许都是人们试图按照《圣经》理念创造出来的世界，但比起原版仍然是东施效颦。多少个世纪以来，伊甸园始终保持着迷人的魅力。它在众人的想象中独树一帜，并且在经历了无数失败的尝试后，终于在现实中留下一些痕迹。意大利作家乔万尼·薄伽丘（1313—1375）在《十日谈》（1348）中描述了一个有花有果树的花园，美丽程度几乎可以媲美伊甸园：

> 花园四下零星散布着上千种花朵，四周是郁郁葱葱、青翠欲滴的柠檬树和橙树，树上繁花似锦，还有即将成熟和熟透了的果子。果子的颜色令人心旷神怡，散发的芬芳也叫人笑逐颜开。

很明显，薄伽丘描述的仍然是一个现实中可能存在的花园。耶稣会学者阿塔纳修斯·基歇尔（1602—1690）则更进一步。他不满足于仅仅在脑海中想象伊甸园，而是试图将其以更具象的形式表现出来——绘制成一份地图。这份地图采取的是俯瞰视角，并且将伊甸园选址定在美索不达米亚平原。整座花园呈巨大的长方形，四周有围墙，墙内种满了树。中间似乎有一汪清泉，分出四条河流，流往四个方向（并一直蜿蜒到围墙之外）。在一株参天大树下可以看到亚当和夏娃。

基歇尔将地图画成这样并非突发奇想。这是一种典型的四分式矩形花园设计，可以追溯到《圣经》出现之前，例如，古波斯帝国的统治者居鲁士二世在都城帕萨尔加德建造的花园就是这样。后来，中世纪教堂和修道院的封闭式花园也都采用了这个基础几何结构。伊斯兰

教花园同样以天堂为原型，因此，从安达卢西亚到印度都能找到借鉴这种形态的花园。尽管这些矩形花园里不一定都栽有果树，也并非只有这样的花园里才种果树，但它们依然确立了一个非常重要的花园设计模板，并千古流传。

基歇尔并不是一个怪人。17世纪的基督徒将《圣经》中关于世界起源的描述一字一句奉为圭臬，这在我们如今这个科学为上的年代是难以想象的。不列颠群岛上有一派作家掀起了将《圣经》故事贯彻到实际果园设计中的风潮。其中代表人物之一就是清教徒约翰·弥尔顿（1608—1674）。弥尔顿对于天堂有非常精确的设想，他认为那是东方一片辽阔的土地，环绕着"结满最美丽果子的最上乘的树"。更有甚者，他还想象了这片乐土上需要具体执行的任务，认为若要枝头挂满果实，必须有人"砍枝"、"修剪"、"支撑"以及"包扎"这些树。但亚当和夏娃的辛勤劳作会得到回报，他们收获的果子有"闪亮的金色外皮"，并且"甘甜美味"。

早在16世纪，很多作家就洋洋洒洒地书写水果尤其是异国品种跟正统伊甸园之间的联系。这一时期出版的多本书中都探讨了花园里种植哪些植物和果树才能真正贴近天堂这个话题。

英国王室御用医生约翰·帕金森（1567—1650）在他的第一本书《阳光下的花园，人间天堂》（*Paradisi in Sole/Paradisus Terrestris*）中详细描述了花园、菜园和果园中的植物与树木。（这本书的英文译名"Park-in-Sun's Terrestrial Paradise"中的几个词与"帕金森"发音相似，是一个谐音双关语。）帕金森版本的伊甸园由以上三个园区组成，囊括了地球上生长的万物。其中一幅插图标题为"果园模型"，在图中果树呈几何形排列，从任何方向都可以随意延续队形。效果图中显示，果树长高后枝条会形成拱顶，串联起树下的林荫道。

出生于英国斯塔福德郡利克镇的拉尔夫·奥斯汀（1612—1676）经营一家商业苗圃，他于1659年在牛津成立了一家苹果酒厂，并在当地度过余生。他坚信，新型农作物和园艺技术能帮助解决贫困和失业等社会问题。他还找到一个独特的方式来表现果树的"高贵和价值"，赋予了果树除眼前效益之外的意义。在《果园或果树花园的宗教用途》中，他写道：

> 世界是一座宏大的图书馆，果树是其中的一部分书，从中我们可以清楚地读到和看到上帝的属性，领略他的神力、智慧、美德等。并且我们还能从诸多方面了解并学习自己对上帝应尽的职责，学习对象也包括果树。因为果树（打个比方）就是书本，它们与书本一样可以直接对我们发声，并教授我们许多宝贵的经验。

严格来说，《果园或果树花园的宗教用途》是一本小册子，其中节选了他在1653年撰写的《论果树》。册子的扉页上醒目地印着摘自《雅歌》第四章第12—13节的话："我妹子，我新妇，乃是关锁的园，禁闭的井，封闭的泉源。你园内所种的结了石榴，有佳美的果子。"

话中所传达的信息是，收益和快乐是紧密相关的。且这则信息非常直白地出现在册子封面上，印着"收益"和"快乐"这两个词，并配了一幅握手的画。一切完美和谐，还有什么可改进的吗？

对奥斯汀来说，丰产的果园是天堂的钥匙。《果农实用手册》（1724）的作者斯蒂芬·斯威策持相同观点。斯威策曾在当时最顶级的伦敦布朗普顿公园苗圃接受培训。他在书中写道：

> 一座精心设计的果园就是天堂本身的缩影，在那里，人类能感受到最大程度的狂喜，品德高尚的灵魂能享受到世俗世界中最极致的愉悦。

斯威策将这个信条融入具体步骤，设计出自己心目中的完美花园。

威廉·劳森在更久之前写过一本探讨园艺的《新型果园和花园》（1618），广受好评。同时代的评论家普遍认为，这本书的写作风格令他们联想到英王钦定本《圣经》。以下是该书节选：

> 在地球上所有令人愉快的事物里，果园带来的快乐是最美好、最顺应自然的……你的眼睛想看到的，耳朵想听到的，嘴巴想尝到的，鼻子想闻到的，哪一样在果园中不是取之不尽、种类繁多呢？

对劳森来说，果园就是一幅直接从天堂截取的风景画：

在我看来，只要你的果园中或果园旁流过一条令人愉快的银色小溪，我就决不会吝惜赞美之词。这样一来，你可以坐在山中垂钓，上钩的可能是一条有斑点的鳟鱼、滑不溜秋的鳗鱼或其他什么美味的鱼。有环绕果园的壕沟也行，你可以泛舟其中，用网捕鱼。

许多伊丽莎白一世时期或斯图亚特王朝时期的花园里确实有假山。台阶或蜿蜒的小径通往山顶，那里可以欣赏令人愉快的景色。可不能小瞧这些花园提供的锻炼机会。一段出乎意料的文字清楚地表达了这一点：

> 如果想在果园里创造锻炼机会的话，建一个球戏场是不错的选择，或者找几个房间，在里面拉伸手臂也行（这样更有男子气概，也更有益于身体健康）。

按特定方式设计果园并使其明确反映基督教宗教信仰的风潮只是昙花一现，且仅在一小撮人中流行过。之后创建的果园都遵循了相同的逻辑原则，但目的并不是效仿天国花园。不过，人们并没有立刻停止相信花园有多么适合促进灵魂救赎。这一理念世代流传下来，并随着每个时代的信仰变化而进化出新的形式。

第七章

献给太阳王的梨

　　凡尔赛宫的Potager du Roi译作"国王的蔬果园"。听到这个名字，你脑海中或许会浮现种满蔬菜和香草的苗圃，那可就低估这个地方了。这座宫廷花园的设计者是安德烈·勒诺特——太阳王路易十四的首席园艺师。1678年，科班出身的律师让-巴蒂斯特·德·拉·昆提涅一心向往园艺，开始在王宫南边打造一片占地22英亩（9公顷）的辽阔花园，为宫廷提供水果和蔬菜。之前的花园面积太小，无法负荷此等重任。一开始，那片被选中且寄予厚望的湿地看起来前景不太光明，当时的资料把这块地描述为散发恶臭的沼泽。要好几个团的瑞士近卫队士兵才能抽干此地的臭水，并填上肥沃的土壤。

凡尔赛是巴黎附近的一个小镇，1682年成为法国王室行宫及政府所在地。第二年新蔬果园也建成了。跟王宫其他地方一样，蔬果园的设计是为了配合国王的公众形象。整个园区是一件精妙的艺术品，展现出人类主宰大自然的欲望，这也是当时的主流趋势。路易十四任命拉·昆提涅为王室蔬果园主管，并经常让拉·昆提涅陪同他在园中穿梭。当时使用的花园侧门能充分映衬出君主风范，那是一扇特别设计的大门，点缀了大量铸铁装饰。当威尼斯总督或暹罗大使这样的贵客到访时，路易十四会确保他们也去参观花园。

蔬果园的围墙拓宽了一部分，建了露台，方便国王在上面散步，还可以俯瞰下方的收成。一个有趣的建筑特点是，分别朝南、东、西的外墙上有29个密闭空间。这些小块土地吹不到风，即便在寒冬腊月，只要天晴，就能形成相对温暖的微气候。因此，这些地非常适合种植对低温敏感的无花果树、桃树和杏树。甜瓜、草莓和覆盆子（品种是"梅斯甜"覆盆子）也种在这里。这些树的枝条不能肆意生长，要通过篱架式整枝法进行塑形，与整座王宫及庭院高度装饰的外观相一致。其中有些造型设计堪称天马行空。当然，拉·昆提涅也明白，强制让树长成扇形意味着树枝能接触到更多阳光。

拉·昆提涅既要取悦刁钻的客户，还得为拥有数千人的宫廷提供优质美貌的水果并满足数量要求，一定处于巨大压力之下。夏季，蔬果园每天需要提供4 000枚无花果。此外，拉·昆提涅的诸多卓越功绩中

果园小史

还包括培育反季节作物。传说他曾在一月份献上草莓，令宫廷中人大饱口福。即便这个故事是真的，那些草莓也不可能有多甜。建造蔬果园时距离发明温室还有50年，但拉·昆提涅自有妙计。他用玻璃盖罩住当季发育较早的植物，并在泥土里铺上新鲜马粪来提高土壤温度。很快，其他君主也被他的非凡才能所吸引，据说他曾拒绝过英格兰国王提出的诱人报酬。

在凡尔赛宫工作期间，拉·昆提涅甚至挤出时间写了一本关于果园和蔬菜园的指导手册，书名为《园丁全书；又名，果园菜园栽种及正确整理指南》。除了谈到植物学的方方面面外，这本杰作中还描述了500种梨，倒也不令人意外。拉·昆提涅写道："我必须承认，在园中的所有水果里，大自然没有展示出比梨子更美丽、更高贵的水果。唯有梨子可以造就餐桌上的至尊荣耀。"

太阳王对于梨子有特殊的偏爱，尤其钟情香气馥郁、如糖果一般甜蜜的"冬日好基督徒"梨。该品种长期被人们认为象征着冉冉升起的旭日。它口感如黄油般丝滑，带着麝香的芬芳。很快，关于这种梨的传说就一传十、十传百，迅速扩散开来。1816年，一个名叫威廉姆斯的果园主在伦敦园艺学会举办的水果博览会上展示了这种梨，并将其命名为"威廉姆斯好基督徒"梨，就此征服了整个世界。该品种已经传到波士顿，在埃诺克·巴特利特买下梨树生长的土地后，人们用他的名字为品种命名。时至今日，这种梨在美国和加拿大最常见的名字依然是"巴特利特"。

此后几百年里，凡尔赛宫花园经历了几个不同阶段。其中，1735年发生的革新令人印象格外深刻。拉·昆提涅的继任者路易·勒诺尔芒自豪地向国王路易十五献上了第一批在供暖温室里培育出来的凤梨，同样的温室里甚至还种了香蕉树。几十年前，人们在英国康沃尔郡的一处庄园里发现"海利根迷失花园"遗迹，之后将花园重建，至今花园里的凤梨树还种在特制的坑内，靠马粪肥维持温度。

17世纪和18世纪是法国果园发展的黄金时代，也引领了世界其他地区的果园发展趋势。截至17世纪末，种树专家和果农已经形成庞大的网络，影响力覆盖欧洲大部分地区。巴黎是当时水果种植业的中心。法国园丁大部分来自巴黎附近，他们前往不列颠群岛和德国，而他们的英国同行也来到法国。各国之间的贸易和交流热火朝天，市场上最罕见和热门的品种往往会引发激烈的角逐。

很快，这片网络就扩张到了北美洲。18世纪，一种被德国人叫作"茨维奇格"李，而法国人叫作"大马士革"李的品种出现在蒙特利尔的农场里，与当地品种并肩而立，同时出现的还有"王后"苹果和"卡尔维尔"苹果。安德里厄家族在法国经营的苗圃炫耀说他们在世界各地都有联络人。不过，安德里厄卖给顾客的"加拿大巨型王后"嫁接苹果树很可能来自法国诺曼底地区，叫这个名字或许只是营销噱头，让植物听起来更有趣、更具异域风情。

这一时期，梨、桃子和无花果格外受欢迎。人们声称自己被这些水果的香气所蛊惑。"当优质的梨子和桃子熟透后，世上有任何麝香或琥珀的香气能盖过它们吗？"勒内·达于龙在1696年的著作《果树修枝新述》中问道。对拉·昆提涅的学生达于龙来说，这个提问只是无须回答的修辞手法。与这些水果相反，李子的爱好者很少，当时法国流行一句俗语："宁吞两枚蛋，不食一颗李。"人们普遍认为在墙上为篱架整枝树预留的位置太珍贵了，不能浪费在李树上。

为什么李子这么不招人待见呢？它最大的"缺点"就是没有"罕见"或"异域"之类的名声，而且通便效果也恶名远扬。人们还觉得成熟的李树很丑，稀稀拉拉、奇形怪状。当然，这种看法有失公允，尤其是李树没有经过篱架式整枝，自然无法像精心塑形过的梨树和桃树那样匀称而优雅。再说了，李树易于照料，非常适应欧洲中部的气候。栽培李树不需要任何特殊技能，事实上，很多树都是野生的。尽管李树地位不高，但画家们懂得欣赏李子那缤纷的色彩。明亮温暖的黄色、红色、绿色、紫色和黑色果实为各式各样的静物写生注入了生机与活力。

苹果和梨之间的竞争则趋向白热化，这从很多方面来说都令人费解，因为梨子存在许多问题。例如，梨子必须在成熟前就进行采摘，

——
左页图
"好基督徒"
梨，1853年。

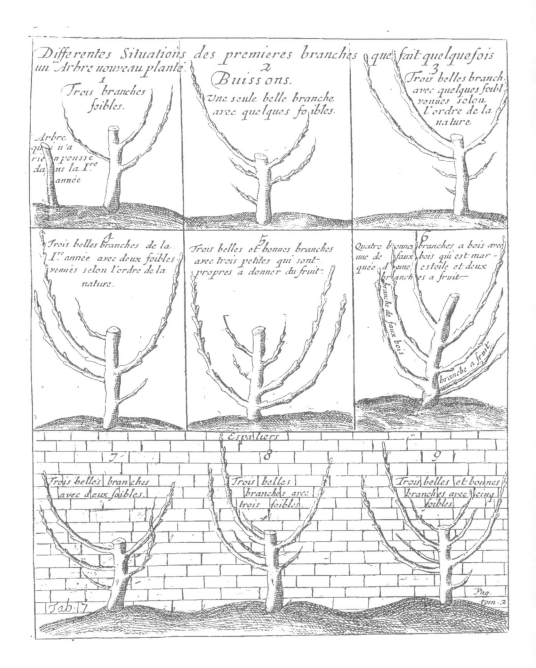

Differentes Situations des premieres branches que fait quelquefois un Arbre nouveau planté.

1
Trois branches foibles.

Arbre qui n'a rien poussé dans la I.re année

2
Buissons.
Une seule belle branche avec quelques foibles.

3
Trois belles branch. avec quelques foibl. venuës selon L'ordre de la nature.

4
Trois belles branches de la I.re année avec deux foibles venuës selon l'ordre de la nature.

5
Trois belles et bonnes branches avec trois petites qui sont propres a donner du fruit.

6
Quatre bonnes branches a bois avec une de faux bois qui est marquée d'une estoile et deux branches a fruit.

branche de faux bois

branche a fruit

Espaliers

7
Trois belles branches avec deux foibles.

8
Trois belles branches avec trois foibles.

9
Trois belles et bonnes branches avec cinq foibles.

Tab. 17

Pag.
tom. 2.

而且由于梨子非常脆弱，运输也是道难题。但太阳王和他的园艺师对梨子不加掩饰的偏爱使得苹果居于劣势。这对苹果来说是不小的打击，因为就在一个世纪之前，作家们还争相为它吟唱颂歌。《农业与农舍》一书中就收录了这样一首赞歌。夏尔·艾蒂安和他的女婿让·利埃博写道："苹果树是所有植物里最必要也最宝贵的。正因为如此，当年荷马才称之为结出美丽果实的树。"尽管凡尔赛宫引领潮流，但苹果始终没有失去拥趸。

直到路易十五的统治结束之前，拉·昆提涅一直是法国果树栽培业的权威。很多作家只不过在抄袭他的作品，有些甚至丝毫不掩盖剽窃的痕迹。直到18世纪下半叶，才出现真正有新意且更加深入探索植物生长过程的书，比如亨利-路易·迪阿梅尔·德·蒙索所著的《果树论》。

将当时最新颖的嫁接和栽培技术应用到实践中已经是一项了不起的成就了，但果树栽培大师们还有一项更重要的技能——他们能够调度果园里的品种，让它们错开成熟时间，确保长期有某样水果供应。当然，不是所有水果都能实现这个目标。不过，有些资料声称，早在17世纪下半叶，法国的顶尖园艺师就几乎可以做到全年供应梨子。早早结果的"埃帕尔涅"和"早熟"梨揭开梨子季的序幕，从六月中旬到七月初就在蒙莫朗西河谷中成熟。紧随其后的是"双头"梨、"王家"梨和大个头的夏季烹饪品种"河谷"梨。秋季带来了甘美讨喜的"让爵士"梨、"唐博纳"梨、"英格兰"梨和"香柠檬"梨。与此同时，冬季品种"冬"

梨、"强健"梨、"马丹-塞克"梨和"达戈贝尔"梨正在仓库或水果地窖里静候，慢慢达到最佳熟度。假如一切按部就班，天气也乖乖配合，从六月中旬到来年五月，可以一直出售和享用新鲜梨子。这可涵盖了一年之中的11个月，实在令人惊叹。当然，一年中的不同时节梨子价格各异，我们也不清楚五月份供应的梨子究竟是什么味道。它们是否能满足人们今天对口味和口感提出的高要求令人怀疑。

果园是永不停歇的实验室，果树园丁既要复兴已有品种，也要改良新品种，与此同时还得处理与顾客和雇主间偶尔紧张的关系。果树经常跟葡萄藤、蔬菜和用作动物饲料的植物共享空间，说不定还得把地方分给其他树木和花朵。有限空间内的物种如此多样，形成了良好的微气候条件，让灌溉和施肥变得相对简单。

按规划好的图案来种植果树和其他植物不仅能提升美感，而且可以有效利用空间。只要修剪得当，就可以让树的内部接触到果实成熟所需的阳光，也能让矮处的植物照到太阳。但有时，厚脸皮的园丁会滥用修剪枝条的机会，多剪下一些树枝，从而非法获得珍贵的木柴。1700年左右，就有一个果园主指控园丁皮埃尔·博内尔使用了这样的伎俩。博内尔辩解称，自己在"圣诞节到来前八小时"锯下了一些苹果树枝条，为的是确保这些树下方的葡萄藤能得到充足的空气。或许他说的是实话，又或者博内尔只想为自己的假日增添一些额外的幸福感。

同时，还存在另一种造成"失窃"和破坏的风险源头。在中欧

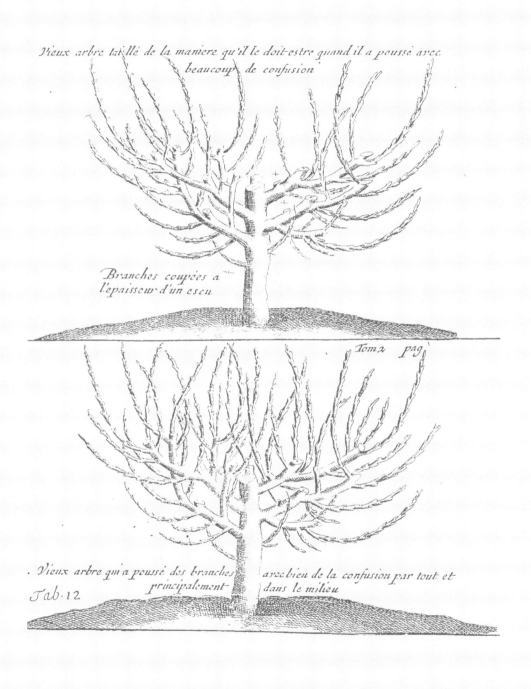

Vieux arbre taillé de la maniere qu'il le doit-estre quand il a poussé avec beaucoup de confusion

Branches coupées a l'epaisseur d'un escu

Tom 2 pag

Vieux arbre qui a poussé des branches avec bien de la confusion par tout et principalement dans le milieu

Tab. 12

及其他地区，人们通常会用篱笆、树篱和石头墙将果园和葡萄园围起来，保护植物免遭家畜劫掠。假如果树长在更开阔的地势上，无法将放牧家畜挡在外面，人们就会用木棍、带刺的枝条或随风飘动的破布把树干围起来，竭尽所能阻止敌人。有些地区，只要与邻居没有矛盾，就可以允许动物在果园里觅食。

山羊是最大的威胁，因为它们不仅爱吃树叶，还会爬树，能破坏挂果的树枝。由于山羊的恶习，中欧大部分地区禁止或限制饲养山羊。不过，阿尔卑斯地区对于山羊的限制没有这么极端，如果有牧羊人监看，它们也可以加入其他家畜一同闲逛。破坏果树的山羊会遭到严酷的惩罚，有时还会为此送命。一个尤其令人毛骨悚然的处决方式是将强盗山羊的角挂在分权树枝上。假如邻居之间有龃龉，可能会有人故意将山羊放入别人的果园，破坏他人财产。

同样，猪在果园里也不受欢迎，因为它们喜欢拱土，还会吃树上掉下的果子。假如无法将它们关在果园外面，人们通常会在猪鼻子上穿一个铁环，防止它们掘土。

大丰收是对人们精心维护果园的奖励，但也会带来新问题。所有美味的果子都在同一刻成熟，有的或许来不及吃就腐烂了，要拿这些果子怎么办呢？有没有可能在冬天也确保水果供应？保质期较长的鲜果替代品包括烩糖渍水果、果汁制成的果酱、糖浆蜜饯和醋渍水果泡菜。还有一个选择是将水果发酵成果酒，让阴郁的冬日变得更容易忍受一些。

杏子、桃子和樱桃等水果可以在煮过后保存在清澈透明的水果白兰地里。还有许多果酱食谱，但其中有些在我们听来过于别出心裁，比如做成咸口果酱，或者用果汁、苹果酒或蜂蜜来代替糖。17世纪末期，从法属安的列斯群岛和法属圣多明戈（现在多米尼加共和国的圣多明各）进口的糖量激增，为甜口果酱的流行添了一把火。

有些水果会被储藏起来，这样几个月后依然可以当作鲜果享用。储存工作在果园周边完成，过程必须一丝不苟，主要工作地点在水果仓库（fruiterie）内，这是一种专门用来储存水果的建筑。水果仓库内的宝贵货物远离潮湿、严寒和饥肠辘辘的啮齿动物。维持水果仓库的运转是非常奢侈的，只有雇得起所需人工的有钱人才能享受。直到20世纪中叶，北半球其他地方的人一直没有什么选择，冬天基本吃不到水果，只能等冬天过去后再尽力补充缺乏的维生素。

欲知具体如何储存水果，我们又要请教拉·昆提涅了。他解释说，水果仓库北边的墙一定要坚不可摧，这样才能抵御从那个方向刮来的凛冽寒风。必须有隔热门和隔热窗。仓库中间的大桌子用来摆放水果篮和瓷盘。他还建议在墙上安装微微倾斜的架子来摆放水果，架子上贴上标签，显示该位置的水果种类和食用期限。水果需要小心固定在一层苔藓或细沙上，这样可以吸走多余的水分。工人得定期查看整个房间，确保良好的通风并及时移除坏果，防止催生腐烂的微生物扩散。在特别寒冷的日子里，必须点燃柴火或燃煤炉来保持仓库温度。当然，还可以设下陷阱或养一只猫，这样可以防止大小老鼠偷吃

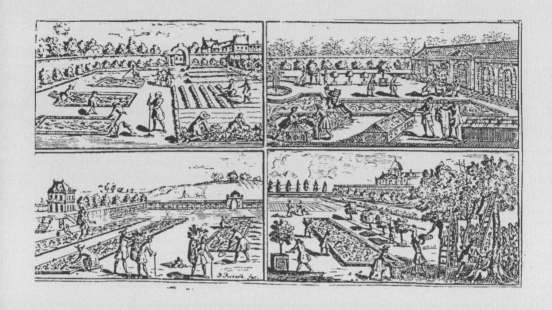

果子。

这一时期，食谱书里有时还会援引过时的膳食指南，明确规定新鲜的无花果、桃子、李子、杏、黑莓和樱桃只能在饭前吃，而梨、苹果、榅桲、欧楂和欧亚花楸果应当在饭后吃。（欧楂和欧亚花楸果现在已经不是常见水果了。它们是蔷薇科植物的果实，与苹果在某些方面类似。）除此之外，大部分水果都被当作调味品，用来烹饪。不过很明显，人们对新鲜水果的态度正在发生改变。比方说，在1784年出版的《果园学院》指南中，一位德拉布勒托内里先生写道："一颗熟透的果子只会对健康有益……就算水果不能治愈疾病，也能缓解病人的症状，甚至提供防护。"

凡尔赛宫的花园已经经历了很多变化，但300多年前首次出现的几何结构设计直到今天依然可以辨认出来。尽管已经拆除了部分围墙，太阳王那华丽的大门仍旧屹立不倒。园内生长的几千株植物涵盖了450个水果品种，包括140种梨和160种苹果，其中有些是过去几百年里新出现的品种。美国人安托万·雅各布松曾在康奈尔大学及其他机构接受培训，自2007年起成为凡尔赛宫花园的首席园艺师。他最喜欢的梨子品种是丝滑多汁的"安古莱姆公爵夫人"。园内还藏有一样植物珍宝，就是"阿庇黄"苹果树，那可是连老普林尼都知道的传奇苹果。

北上的果树

　　截至13世纪，原本在南方地区生长的果树已经在不列颠群岛上焕发勃勃生机。在此期间，果树栽培发展为一门生意。当时的记录显示，在英国西部各郡，果园工人会收到烈性苹果酒作为酬劳的一部分，这一习俗在当地一直持续到不远的过去。14世纪，位于塔山、比林斯盖特市场和东市场以及隆巴德街与鲍街上的果园为伦敦市场供应水果。果树栽培类图书的作者会把他们务实的建议包装成韵脚诗。例如，托马斯·塔瑟在出版于1580年的园艺指南《成功耕种五百条》中，针对采摘水果发表了以下这段朗朗上口的建议：

太早摘下，味同嚼木，

难有好果，皱缩发苦。

倘若撼树，让果落地，

容易碰伤，迅速萎靡。

前页图
维多利亚时期西
迪安花园内的桃
树种植房，英国
萨塞克斯郡。

上图
15世纪法国果园。

跟法国一样，果树种植也是英国王家花园的重要组成部分。1784
年正值乔治三世统治时期，水果专家威廉·福赛斯被任命为肯辛顿宫
的园艺师。除了选取插条开启园内的无核小水果种植外，他还扩充花
园西区，在那里建了一座新果园，设置了栽培甜瓜和黄瓜的花坛。福
赛斯似乎放弃了之前花园里种过的蔬菜，全心全意栽种果树，并且将

肯辛顿宫的收成加入其他王室花园一同上交。他交付的成果大部分是桃子，还有油桃、杏、葡萄、覆盆子、无花果、李子、梨以及一个甜瓜。我们无从知晓这些水果是否足以满足国王和其他王室成员的需求。总之，收成没有任何剩余，之前花园为王室成员种菜时并不总会出现这种情形。

1804年，约翰·汤森·艾顿被任命为温莎城堡的首席园艺师，也开始向伦敦各王宫供应水果。他在温莎宫的四个独立蔬果园内用心栽培果树，每个蔬果园都有一间凤梨温室（专门用来培育凤梨），也都有能够加快葡萄成熟的温室。蔬果园之间距离很远，艾顿得花半天时间才能骑马将所有园地都跑一遍。他与王室客户签订的合约中写明他的工作职责是：

> 以最合理、最方便的方式将果蔬运送到任何国王陛下或其他王室成员及仆役可能居住的地方，只要目的地与温莎宫的距离不超过22英里。

并且，将水果送到其他宫殿的人还能得到"赏金"，向邱宫送货一天能挣四先令，向圣詹姆斯宫送货则能得到五先令补贴。尽管遇到了一系列困难（并非温莎宫所独有），艾顿依然在岗位上坚守到1830年，即威廉四世登基的那一年。

　　长期以来，英国园丁密切关注法国在果园领域的一举一动，但成果毁誉参半。或许是这个原因，又或者是民族优越感作祟，总之，在弗朗索瓦·德·拉罗什富科于1784年访问萨福克郡时，他给出的评价相当刻薄：

　　　　蔬果园不像我们的那样维护妥当，园丁也没有受过完善的培训。我注意到他们的树也没有好好修剪。他们似乎喜欢长枝，用这样的枝叶来装饰整面墙，这样一来，自然不会像我们的树那样产出很多果子。他们不知道怎么用金属丝，而是用布条和一枚钉子来固定每根枝条。总的来说，他们所知的关于果蔬园种植以及各个水果品种的一切知识都来自法国。

　　水果需要高温才能成熟。但是以英国的气候，很难达到合适的气温。一种解决方案就是用墙将一大块地圈起来，这样可以调节墙内果树生长的气候。蔬果园的墙需要达到一定高度，以保护植物不受干扰；但又不能太高，不然会彻底挡住阳光。6～10英尺（约2～3米）是典型高度。砌墙的材料有石头、石膏和泥土，有时会多搭一个可以防雨的瓦顶，这样一来，雨水没那么容易渗透墙体，墙的使用期限就能

果园小史

更长。用砂浆或石膏涂抹墙体表面则可以驱赶啮齿动物和昆虫。当然，围墙也是所有权的象征。那个时代的人比现代人矮很多，因此6～10英尺高的墙也能有效拦住侵入者。尽管墙本身就能制造出一个更温暖的环境，但有些墙经过改装还能进一步升温。例如，在萨塞克斯郡的西迪安庄园，首席园丁的小屋直接倚靠围墙而建，可以向围墙导热。除此之外，有时砖砌围墙是双层的，可以将慢燃秸秆填到中空处并点着。

英国各地都常常能看到被高耸的石墙围住的花园和果园，这在其他拥有类似阴冷气候的国度也很常见，如荷兰、比利时和法国北部。石墙不仅保护植物免吹寒冷的北风，还能在白天吸收阳光的热量并在夜间释放出来。因此，石墙能营造出气温比外围环境高18华氏度（8摄氏度）的微气候。这样的生长环境几乎堪比偏南的地中海地区。在16世纪小冰期期间，瑞士植物学家康拉德·格斯纳记录了类似围墙对无花果和茶藨子果实成熟的促进作用。

成功培育来自欧洲南部的植物点燃了英国人对其他异域植物的渴望。以老约翰·特拉德斯坎特（约1570—1638）为代表的园丁们踏上穿越欧洲和北非的旅途，寻找未知或罕见的水果及装饰性植物。北非柏柏

左页图及上图
《赫尔明厄姆草药志及动物寓言集》中的石榴和胡桃树插图，16世纪早期。

里海岸是柏柏尔人的家乡，他在那里发现了"小麝香"杏或称"白阿尔及尔"杏。不过，似乎特拉德斯坎特的最爱还是李子。《特拉德斯坎特的果园》是一本为了纪念这位伟大园丁而出版的精美水彩画集，其中收录了23个不同品种的李子。他尤其欣赏李子丰富的形状和颜色，当我们想到他缺失嗅觉时，这种喜好便不令人意外了。特拉德斯坎特本人的著作仅有手稿传世，从未印刷出版，但依然作为以水果女神波摩娜的神话为灵感的作品之一被载入史册。

1630年，特拉德斯坎特开始为查理一世国王效劳，成为萨里郡奥特兰兹宫负责打理花园、葡萄园及蚕桑事务的总管。他和儿子小约翰在伦敦南部建立了一座专门收藏奇珍异宝的"方舟庄园"，并因此声名远扬。他们在庄园里栽培寻访到的新奇植物。父子二人在环游世界搜索植物样本时还收集了不少艺术品，为英国第一家公共博物馆——牛津阿什莫林博物馆的成立奠定了基础。

提到苏格兰，人们脑海中浮现的一定不是鲜花盛开的果园和即将成熟的果子，而是阴冷的气候和粗粝的自然环境。但这片土地上埋藏了不少惊喜。多亏了墨西哥湾流，西海岸的气候相对温和。当地最古老的果园出现在12世纪，由多明我会（又称黑衣修士）等宗教团体栽种，可能与中欧的修道院花园类似。1163年建成的佩斯利大教堂位于格拉斯哥附近，资料显示，教堂建筑群包括一个占地6英亩（2.5公顷）的果园。爱丁堡也有一座王家果园，英国人关于这座果园的最早记录出现在14世纪30年代，但它很有可能早在1124—1153年大卫一世统治

苏格兰期间就已经存在了。辽阔的花园和果园环绕着爱丁堡城堡岩的南侧和西侧，这里种植的水果和农产品被供应给王宫，很有可能也向外界出售。还有记录表明，果园里曾经砍伐木材，这说明果园贡献的不仅仅是水果。

关于苏格兰种植水果的具体描述最早出现在17世纪末期，第十八代克劳福德伯爵威廉·林赛列了一张单子，其中包括26种苹果、40种梨、36种李子、28种樱桃，以及各种各样的桃子、油桃、杏、茶藨子。可以确定，桃树和杏树需要庇护，得种在墙边能晒到太阳的位置。格拉斯哥附近的克莱德河边屹立着汉密尔顿宫，这里有苏格兰最大的果园。1668年，汉密尔顿宫花园的一位访客记录下这样的印象：

> 这里跟法国各处一样，葡萄、桃子、杏、无花果、胡桃、栗子和榛子等又多又好，还有上佳的"好基督徒"梨……果园的围墙由砖头砌成，对水果成熟大有裨益。

罗莎琳德·马歇尔在《安妮公爵夫人的生活》一书中讲述了第三任汉密尔顿公爵威廉·道格拉斯–汉密尔顿如何接手父辈开创的水果种植事业。他雇用制砖工人定做了几千块砖，砌成新墙，专门用来通过篱架式整枝法引导桃树、杏树和樱桃树贴着墙面生长。他取得了巨大成功，以至于在1682年，卡兰德伯爵迫不及待想看看"我的公爵大人在他那些墙上种的树间距有多远"。威廉在当地遴选梨树和樱桃树种，从伦敦运来桃树和杏树。他还设法从英格兰弄来了葡萄藤、桑树和坚果树。为了获得当时流行的嫁接树，他将手伸到了欧洲大陆，还曾经派一名来自博内斯的船长去荷兰接回了"五株嫁接在杏树上的桃树，四株嫁接在李树上的桃树，以及两株杏树"。

园丁们总想为水果成熟创造最佳条件，但有时也会适得其反。比方说，他们很早就发现黑色表面最容易吸收热量。但是在他们把篱架式整枝桃树的背景墙

漆成黑色后，桃树会过早长出新根并在温度下降时立刻冻死。而到了夏季，这些黑墙又可能过热，甚至会灼伤娇嫩的水果。

在不列颠群岛上的围墙花园里，无花果树一开始会被引导长成扇形或通过篱架式整枝法塑形。不过，大约19世纪中期，园丁开始为这些植物建造特殊的玻璃温室。这样做的好处之一是一年内可以收获两到三次无花果。在爱尔兰的阿吉兰城堡花园里，我们还能见到一种特殊建筑构造——一座蜿蜒的围墙，墙上有20个凹室，可以抵挡冷气和寒风。这些壁龛很有可能用来栽种特别敏感的油桃树、桃树和梨树。这个设计很快在大西洋对岸流行起来，托马斯·杰斐逊非常心动，在他创立于夏洛特的弗吉尼亚大学校园内下令建造了类似的蛇形墙或"波浪"墙。大学主草坪上散布了10座小亭子，每座亭子都有花园环绕，花园之间以这种波浪形砖墙隔开。

　　尽管有些水果特别适合种在围墙花园里，但各种因素都有可能影响花园里实际栽培的树种。在约克郡附近的南宁顿庄园周边，果农们重点培育能够储存更长时间的苹果，这样更适合供应给英国航船。他们种植的某些品种名称非常有趣，包括"狗鼻子"（形状类似榅桲，确实很像狗鼻子）、"斗鸡场"和"瘿瘤"。

　　法国北部也有围墙果园，很多一直保留到今天，在巴黎东边一个叫蒙特勒伊的小镇尤其常见。蒙特勒伊以产桃闻名，19世纪70年代是当地桃树种植业的巅峰期，整个地区长达370英里（600千米）的围墙纵横交错。这些屏障的存在一定对当地人生活的各个方面造成了影响。不难想象，孩子们会攀爬围墙，在这些"障碍通道"上飞檐走壁。外地人几乎无法穿过这样的迷宫。1870年，普鲁士人占领巴黎时，据说军队绕着蒙特勒伊走了一大圈，就是怕在城中迷路。尽管这些围墙已经不再承担建造伊始的职责，却惊人地能够有效抵挡城市化带来的压力。有些墙一直保留到现在，既构造了景观，又标记着地产边界。

下图
巴黎附近蒙特勒伊小镇的果园围墙，20世纪早期。

第九章

民众的果园

　　古时幸存至今的果园都属于国王和王后、贵族以及宗教组织，它们有些依然存在，其他的至少留存于文字叙述中。尽管这些果园令人印象深刻，却无法代表那些为大多数人提供水果的普通果园。早在中世纪，中欧的许多村庄和城镇周围便分布了大量果园。大多数情况下，果园是菜园或蔬果园的一部分，或者就在菜园隔壁。果树树荫下种着土豆、芜菁、玉米或禾草，到了秋天，人们会亲手收割作物、采摘水果。

　　古时候，人类聚落附近的果园和周围森林并没有明确的边界。人们会去森林里采集野果和坚果，也会从森林中获取砧木用来嫁接从产量更高的栽培果树上取下的接穗。18世纪巴黎周边地区的相关资料可以证明这一点。记录显示，人们曾用野生樱桃树的砧木来嫁接栽培樱桃；野生榛树、苹果树和梨树也被拿来当作砧木；森林里的醋栗灌木丛倒是可以直接移栽，不需要任何嫁接。由于森林一般比种植果园和花园干燥得多，来自森林的砧木（或移栽的灌木）往往需要更多时间来适应新环境。

我们还不能忘记，罗马占领时期广泛种植的胡桃树和栗子树一路疯长、数量大增，在没有任何人为干预的情况下形成了广袤土地上的部分树篱和森林。森林不仅是水果、坚果和砧木的来源，还能提供水果运输所需的包装材料，娇气的樱桃格外需要这些材料。栗树的叶子可以作为缓冲，防止珍贵的货物在前往集市的路上磕磕碰碰。英国人还使用蕨类植物来保护夏梨这类容易受伤的水果。水果篮（又叫maunds，名字来自莫卧儿帝国和奥斯曼帝国使用的一种重量单位）里会铺上柔软的叶子作为衬垫，装梨子时要把梗朝外，这样它们就不会戳到彼此了。

18世纪下半叶，某些地方的人过度采摘栎树叶、榛树叶和栗树叶，当局不得不通过法令来约束这种行为。人们依然继续采摘野果和榛子、栗子等坚果。

所有这些果树和坚果树散布在乡间，为地貌注入自己的特色，决定了当地风景的外观、象征意义和美感。它们彻底改变环境，为周遭增添了深度和美景。设想一下这些树能长多高：苹果树能长到30英尺

（10米）；梨树能长到50英尺（15米）；樱桃树则能长到65英尺（20米），高耸入云。并且这些树能经历好几代人，坚果树更是长寿。假如人类没有为了获得纹理漂亮的珍贵木材而砍树的话，它们可以轻松活到100岁，有些甚至树龄高达500年。

前文提到的亨利-路易·迪阿梅尔·德·蒙索在作品中主要探讨人工精心培育和塑形的篱架式整枝树。但即便是他，也在1768年的一部著述中写道，论果子的品质，"自然生长的树超越任何树"。当时园

丁们纷纷追捧对称的篱架式整枝树，从这样一位权威人士口中说出这句话，一定有助于改善野生树木的形象。蒙索对于野树的赞美可不止于此：

假如想要树维持正常形状，只须移除枯枝和一些枝杈就足够了……在大自然的照料和指引下，它的嫩枝和根系会朝各个方向舒展。强劲充裕的汁液一直流淌到最靠尖的部位，帮助树枝变多、变强，从而促进整棵树的生长与活力。

在法国和英国以外的地方，人们也认识到果树种植的重要性。在欧洲日耳曼语区，最高统治者鼓励人们在果树栽培领域取得进展。该地区最早记录水果品种的文献便是前文提到的查理曼大帝亲自颁布的《庄园敕令》。这是中世纪第一部监管土地使用和农业发展的法律，目标之一就是确保整个国家都有充足的水果供应。统治阶级已经意识到水果能够有效预防饥荒，并愿意在此方面做足准备。这部法规中列出的建议适用于16种树，其中大部分是果树。在查理曼大帝之后很长一段时间里，统治者都致力于激励人们种植水果。例如，16世纪的一项法令规定，一对情侣必须种下并照料六棵果树，否则不许结婚。种植果树还有一个好处，就是可以将收获的水果加工成饮料。当时，公共卫生条件非常简陋，几近于无，再加上鞣革和生产粗铅等工业行为令饮用水污染越来越严重，人们相信污水会导致传染病，所以不难理解为什么对果汁、啤酒和葡萄酒的需求越来越大。

日耳曼果农跟他们的法国和英国同行一样，从森林中获取资源。〔此处，英文原文使用的"German"一词指的是生活在很多国家和地区、使用日耳曼语系的语言并拥有大致相近的"日耳曼"文化的人。德国（Germany）直到1871年才作为一个主权国家存在。〕例如，在1567年的一则布告中，维滕贝格大公克里斯托夫允许他的子民挖掘野生果树苗。野生果树似乎无处不在，并成为嫁接树苗的替代品。当时，商业苗圃的嫁接树苗货源不足，价格对大部分人来说也过于昂贵。

腓特烈大帝于1740年继位，成为普鲁士王国至高无上的君主。不久

后，他便昭告地方政府，"只要条件允许，各处都应鼓励果树栽培"。他之所以会这样说，是因为"三十年战争"（1618—1648）后中欧的大部分果园已沦为荒地。与此同时，他也希望能够确保自己麾下的军队在行军穿越领地时可以得到充足的水果供应。（此后，乡野间生长的果树被移植到果园中。当然，除了士兵外，旅客等其他人也从中获益。）

然而，王室做出的这些努力显然并不如腓特烈大帝所希冀的那样有效。因此，短短三年后，他颁布了另一条法令，对城镇和行省征收罚款，只要

> 土地和税收管理人判定，此地适合种植果树、柳树和椴树等
> 植物，却无人栽种。每少种60棵树，须缴纳罚款。

这并不是腓特烈大帝最后一次威胁处以罚款。年复一年，他要求人们上报关于新树和死树的详细信息，却依然捉襟见肘。1752年，即"七年战争"开始前没几年，国王陛下下令：

> 所有村庄都应当成立优质的公共苗圃，并聘请一名育树
> 知识渊博的人参与筹建，此人还能为村民提供建议……每个
> 农民每年至少须栽10棵树苗。吃不完的水果必须在烘烤后出
> 售给镇上的人。

国王所说的"烘烤"指的不是做水果蛋糕或水果派，而是一种制作果干的过程，这样处理后更利于保存。因此，也就不难理解为何在大型果园周围总能找到这种制作果干的烘焙铺了。在图林根州（德国中部）特雷福特镇，水果买卖成为当地经济的支柱。随着水果产量增长，小镇周围一圈的烘烤窑也越来越多。在这些烘烤窑里，樱桃、李子、梨和苹果被做成不愁销路、经久耐放的货物。每当秋天来临，这里总是熙熙攘攘、生机勃勃，四处飘散着令人愉快的果香。在进行烘干前，人们会将水果切成小块。制作好的果干一般搭配猪油或酥皮点心一同享用。

然而，鼓励人们种植果树的官方法令并非总能达到预期的效果，有时甚至被视为儿戏。1765年，一份来自西里西亚地区（当今波兰的一部分）的报告抱怨说，当巡查员进行巡视的时候，会有人"拿根棍子或杆子往土里一插"假装成树苗。

除此之外，苗圃经营者经常遭到人们的猜忌。当时并没有任何质检标准，进入19世纪一段时间后情况才有所改善。嫁接树苗的买家总是得做好树苗发育不顺利或结出另一种果子的准备。同时，那么多品种并没有统一的名称，也造成了很多混乱。

19世纪即将开始之前，位于斯图加特附近索利图德城堡的公爵苗圃每年卖出10万株植物，令人惊叹。这家苗圃的主人约翰·卡斯帕·席勒曾是一名理发师，他的儿子是著名诗人弗里德里希·席勒，他本人也是一名作家。他的著作《大规模树木栽培》中收录了很多有用的清

单，如"最适合沿路栽植的树"以及"长得又快又好的树"。这些话题非常顺应19世纪初行业的飞速发展。大型果树的栽植量达到新高，尤其是在使用日耳曼语的欧洲西南部。这就导致这些大型果树包围了城镇和村庄，毗邻街道，占据了牧场和耕地的地盘，有时甚至出现在土豆田和其他"田间果实"之中。不适合种植粮食的坡地特别适合拿来种树。除了水果树外，这一时期人们还栽种了很多坚果树，这些树的木材和坚果油都颇有市场。

上图
一列车厢载着水果，抵达斯图加特火车站，1899年。

1797年，一位姓霍普夫的教授游历斯图加特南边的埃姆斯河谷时，记录下自己对当地"水果森林"的印象。根据他的描述，这些果树林绵延数英里，且"收成被做成苹果酒、水果干或白兰地"。当时的一句流行语足以证明人们有多么依赖附近的树："放眼望去，全部

种树；好生照料，必有回报！"

高大的水果树不仅为当地景观注入新鲜感，还带来了真正的生态福利。作为园艺先驱，约翰·卡斯帕·席勒非常清楚这些好处：

> 那些种树的人能挣到可观的生活费。这些树可以装点乡间风景、净化空气、提供庇护和阴凉，最棒的是，还能同时满足人类和动物的需求，带来快乐和舒适。

进入18世纪，英格兰南部和日耳曼语区西南部等地特别流行种植果树，这些地区都曾经被罗马占领过，这一定不是巧合。18世纪和19世纪，大型果园已经成为当地不可或缺的组成部分，尤其在气候适宜的区域。阿尔萨斯是著名的葡萄酒产区，位于孚日山脉和莱茵河之间，现在属于法国境内。1908年一份来自该地区的报告体现了当时那些果园的情况：

> 总的来说，这些果园坐落在村庄周围，或者位于栽满葡萄的山坡平地处，让当地景色更加迷人。这些"果田"通常被划分成一块块很小的园地，从远古时代就已经存在，在前几个世纪数量一度比今天还多。

19世纪，葡萄根瘤蚜也促成了果树栽培业的迅猛发展。具有毁灭

性的葡萄根瘤蚜是蚜虫的近亲，从美洲搭顺风车来到欧洲后便迅速搞垮了欧洲大片葡萄酒产区。在很多地方，葡萄园消失后，人们会转而在原地种上果树。

乡间的果树，无论是森林中野生的还是村民种植的，对于另一群人来说也非常重要，那就是不断扩张的城市中的居民。不幸的是，人们在离家足够远的时候会很容易以为公序良俗不复存在，他们可以恣意享用枝头的果子。英国历史学家理查德·科布描述了巴黎郊外的情况有多么无法无天。"黄昏和夜晚在那附近的公路上行走或骑马都是极其危险的，我这样说都属于美化情况。"他解释道，"傍晚时，过路人或许会遇到身影模糊的队伍在沉默中往家的方向移动，这些人都被沉重的树干和层层堆叠的木头压弯了腰。"

科布描述的是非法伐木获取木柴的人，但偷盗水果和蘑菇的小贼也同样常见。秋季，陷入绝境的人往往只能靠采集坚果和黑莓过活，尤其是在战争期间。对于农村社群来说，这些被饥饿和寒冷驱使前来掠夺食物的陌生人属于入侵者。他们破坏庄稼，从不关门，害得村民们被迫承担家畜走失的风险。不过，有时这些人也会设法找到没有用栅栏或树篱划分界线的无主之地。在这种情况下，他们只不过享受了主人缺席带来的自由并从中获利，当然，也享用了他们找到的那些木材、水果和蘑菇。1820年的一首诗《牧羊人的月历》中就描述了这种行为，化为诗句后听起来倒是颇为浪漫。（这首诗的作者约翰·克莱尔住在英国东部沼泽区的赫尔普斯顿村。）

> 孤独的男孩们大叫喧闹，
> 兴高采烈地感受梦中美好；
> 树篱是他们在幻想中光顾的老窝，
> 枝头闪闪发光的是美味的野果。

克莱尔还写道：

> 饥肠辘辘的男孩再次赶赴林中；
> 焦灼的脚步划过细长的枯草，
> 树枝颤动，在他们头顶轻拍，
> 一心找寻黑玉般的树莓，甜软美好，
> 或爬上枝头，将那棕色的唐棣熟果采摘。

果树给周围环境带来的积极影响有很多，远不止于提供食物、树荫和美丽的景色。今天，我们知道在牧场上种树可以抑制水分蒸发并提高土壤湿度，以此形成与森林相似的微气候。在满足这些条件后，林下植被为各种小动物和植物提供了温暖的家园。形形色色的鸟儿在那里寻觅食物，还能在树洞内或树枝上筑巢。如果悉心照料牧场，或免去诸多约束，甚至可能出现像兰花这样的珍稀物种。

而且，树根能固定住土壤，预防水土流失，这一点在山腹地带尤为有用，人们也常常在那里种上果树。果树及其他落叶植物还非常适合种在住宅旁，夏天它们会带来阴凉，而冬天树枝则变得光秃秃的，透进人人喜爱的阳光。种树还能削减天气对房屋造成的破坏。例如，德国黑林山地区的标志性建筑就是鼎鼎大名的四坡屋顶房，当地人一般会在房屋侧边种一排胡桃树作为"看家护院树"，以遮挡盛行风。几个世纪以来，不管是野生果林还是种植果园，总会和人们的家宅结伴出现。

我们偶尔还能在四处发现一些传统果树种植时期遗留下来的盘根错节的果树，但它们大多数已经为了满足当今时代的实用主义要求而被清除干净。曾经立于马路和行道两边的一排排果树沦为交通安全标准的受害者，毕竟，汽车撞树往往会造成致命后果。

在法国南部的多尔多涅山谷有一个叫佩里戈尔的地区，那里有一整片枝繁叶茂的栎树、栗树和胡桃树林，已经生长了几百年。佩里戈

尔出产的坚果一直是当地人的骄傲。这里曾经有更多树，多到人们宣称松鼠只要不停地从一棵树上跳到另一棵树上就可以穿过整个佩里戈尔。贯穿该地区的佩里戈尔坚果路见证了从中世纪到文艺复兴之间的那个时代。当时，坚果作为货币，可以用来偿还债务和支付关税。人们用长杆敲打树枝来收集果子。据说，整个村里会此起彼伏地响起小铁锤砸开坚果壳的声音。

当地现存的坚果农面临着来自美国加州、中国、伊朗和智利的巨大挑战。想继续留在行业里，必须独具匠心。于是他们将坚果喂给鸭子和鹅，让它们的肝长得又肥又油，适合做成肝酱；他们还把坚果蒸馏后制成核桃酒，或用来榨油；坚果还可以用来烤面包、加工成甜味抹酱、放到意面青酱或香肠里。运气好的话，你或许会在坚果农场间找到一座古旧的油磨坊，被玫瑰花丛环绕，好一幅浪漫图景。油磨坊的木轮由水力驱动，坚果壳会在水压锤下爆开，然后人们将取出的果仁放到炽热的烤箱里烘干。超过13磅（6千克）坚果只能榨出30液量盎司（1升）多一点油。

上图
正如丹麦画家约阿基姆·斯科夫高在1883年的这幅画中所展示的，当时欧洲很多地区都有胡桃园。

第十章

Cherry Picking

采樱桃

　　樱桃象征着天堂内的永恒春日，也代表了色诱和勾引。还有其他任何水果比樱桃更像嘟起索吻的双唇吗？更别提那迷人的香气和味道了。因此，毫无意外，樱桃长期以来都是众人渴望的对象。

　　在普林尼时期，人们已经开始种植多个品种的樱桃。尽管我们无法知晓这些品种的确切外表以及口味究竟是甜是酸，但其中一些品种的名称流传下来，引人遐思。据说，"阿普罗尼安"是最红的，而"卢塔蒂安"是颜色最深的。"西西林"最圆，"朱尼安"刚从树上摘下时直接吃最好吃。但最上乘的还是大名鼎鼎的晚熟品种"杜拉奇纳"，以色深、多汁及相对较硬的口感而闻名。近代，它也被叫作"心形樱桃"。它的变种——"塔尔琴托·杜拉奇纳"樱桃在19世纪广受欢迎，直到今天还能偶尔在意大利乌迪内附近发现它的身影。

不过，这些栽培品种并非罗马本土植物，关于它们如何来到罗马还有一些传说。公元前70年，罗马将军李锡尼·卢库鲁斯征服了著名的本都王国国王米特拉达梯六世手中的黑海周边地区，其中包括一个罗马人用当地生长的珍贵樱桃（拉丁名字是cerasia）命名的城市塞拉苏斯（Cerasus，也就是今天土耳其东北部的吉雷松）。据称，当卢库鲁斯凯旋，在罗马城中游行庆祝大捷时，樱桃树也是展示给众人的战利品之一。然后这些树被他种在自己的花园里，并结出果子。樱桃是盛宴上最合适的点睛之笔，也可以制成果干或浸在蜂蜜中保存。樱桃汁还是酿造果酒的主要原料。

18世纪，樱桃在普鲁士国王位于波茨坦的王廷内有着特殊位置。王家花园通常以大规模种植樱桃树为特色，还发展出一整套以这种水果为中心的文化。腓特烈大帝对樱桃的热爱几乎不加节制。1737年，作为一个25岁的年轻人，他在一封写给朋友的信中坦承：

> 25日我会动身前往鲁平的阿玛尔忒亚花园，我那宝贵的花园啊，我简直等不及再次看到我的葡萄园，我的樱桃，还有我的甜瓜。

在国王的花园内，园丁们力求确保在最长时间内持续供应新鲜的樱桃。因此，早熟或晚熟的品种都得到青睐。"人工催熟法"也起到关键作用，园丁会将樱桃树种在朝南的围墙旁，那里的阳光（假如在白日短暂的冬天出太阳的话）格外强烈。围墙前斜插着玻璃片，能聚集阳光，在夜间帮助维持果树的温度。在国王的命令下，樱桃树还成为波茨坦城墙西边果蔬园里的主要作物。园内共有328棵樱桃树，还有长达260英尺（80米）的温室用来孕育树苗。园丁们发明了特殊的"樱桃匣子"，用马粪为小树苗提供温暖，樱桃催熟技术正是在此时到达巅峰。尽管令人难以置信，但据说当时早在十二月和一月就能收获少量樱桃，国王还以两泰勒[1]一个樱桃的高价对外出售。樱桃树有五种形态，包括标准、半矮秆、矮秆、金字塔形和篱架式整枝树。园丁甚至培育出用于树篱的特殊品种。

来自1758年柏林王宫和王廷专用药房的一张清单表明，国王的樱桃除了即刻食用外还有广泛用途，如被制成樱桃薰衣草水、黑樱桃白兰地、酸樱桃糖浆（有添加和不添加金盏花两个版本）以及酸樱桃果酱。1764年，被同时代人誉为"德国萨福"的诗人安娜·路易莎·卡尔施写下《黑樱桃赞歌》来歌颂这种水果：

一群吟游诗人的歌声渐响
赞美葡萄藤上迸溅的宝石
却为何无人斗志昂扬
来歌唱樱桃品德的赞美诗？

伊甸园美丽的枝头
浑圆的红宝石成熟
散发无尽魅力引诱
弥尔顿笔下美丽的女主。

······

祝酒！我举杯三次！
人人皆能赞美玫瑰。
诗人呐，将你们的韵脚拾起
赞美樱桃的黑！

　　中欧民谣常常将樱桃树与月亮联系在一起。满月时胆敢漫步在樱桃树下的人有可能遇到不怀好意的鬼魂。偷偷欣赏在月下樱桃花间起舞的妖精和仙女也很危险。

櫻桃一旦成熟，必须立刻吃掉或进行加工。它们总是会引诱摘樱桃的人，"篮里放两个，嘴里塞一个"是惯常做法，太贪心的人往往会付出胃痛的代价。樱桃成熟时，不仅要立刻与人合作快速采摘，还得想办法尽早运到集市。采摘当晚，马车就会朝城镇出发，马儿在夜色中赶路。尽管樱桃极其受欢迎，但人们并不总能欣赏自由生长的樱桃树。因为这些树能长到65英尺（20米）高，采摘者必须擅长爬树才能及时完成采摘，让果子不至于白白烂在枝头。

英国没有哪个地方像肯特郡这样与樱桃紧密相连。该地区与樱桃的渊源始于亨利八世统治时期，当时国王下令在锡廷伯恩镇建立了一座果园。如今，位于肯特郡布罗格戴尔市的英国国家水果展览馆是欣赏樱桃树的最佳地点，春花烂漫时节风景尤美。该展览馆内有285种樱桃树，以及上百个不同品种的其他水果，包括苹果、梨、李子、醋栗、榲桲和欧楂。

但肯特郡并不是唯一出产美味樱桃的地方。博登湖附近有一片区域位于德国、奥地利和瑞士交界处，是种植果树的天堂，当地的果树种植传统已经延续了无数代。在宁静的小城拉芬斯堡附近，约阿希姆·阿尔内格经营一家占地面积7.5英亩（3公顷）的樱桃园。尽管当地的种植条件优越，他依然面临一项挑战——樱桃花只绽放两到三个星期，但在此期间气温往往还是很低，蜜蜂不愿意从温暖的蜂窝中出来工作。

为了确保丰收，阿尔内格从邻近的瑞士引入角额壁蜂来为果园授粉。这些被阿尔内格称作"临时工"的小家伙每500个为一组，住在

上图
隔着树篱采摘果
子，19世纪末期。

巢箱里。对果农来说，角额壁蜂比它们的表亲蜜蜂多了一些明显的优
势。例如，它们对天气不太挑剔，只要温度达到40华氏度（5摄氏度）
就会立刻出来工作；小雨也不会阻挡它们的工作热情；它们还是彻头
彻尾的工作狂，效率最多比蜜蜂高300倍。它们之所以这么勤勉，是因
为进化机制迫使它们必须在短短四周内繁衍并养育后代。角额壁蜂的
另一个优点是它们在花朵之间的穿梭比蜜蜂频繁，这会促进果树基因
混杂。更厉害的是，尽管附近田野里怒放的黄色油菜花香气浓烈，但
角额壁蜂根本不为所动，而是坚定地追随着果树。到了秋天，果农将
蜂巢箱还给主人。箱内的幼蜂需要经过特殊处理来消灭螨虫和真菌，
然后储存在冰箱里过冬。

尽管租借角额壁蜂的费用很高，但对阿尔内格来说非常值得。在
角额壁蜂的帮助下，他的果树在丰年可以收获22吨樱桃。他自己一个

人销售这些红彤彤的丰收果实，连一家合作机构都不需要。如果你仔细观察他的果园，会发现沿边界生长着异株荨麻和其他各种各样的杂草，枯枝也在掉落处原封不动，成为甲虫和其他生物的住所。尽管阿尔内格并不符合人们对"有机"农民的一般印象，但在他的果园内有充分证据表明他完全理解自然生态体系内的各种相互联系。用高度活跃的角额壁蜂为果园授粉这个方法也渐渐流行起来。在日本，越来越多农夫开始求助于这些勤劳的昆虫。由于入侵性螨虫已经大大削减了该国的蜜蜂数量，引入角额壁蜂刻不容缓。而在临近的中国，太多昆虫已然消失，人们不得不手动为果树授粉。

当然，在日本，未能成功获得授粉的樱桃树可不仅仅是饮食界的

果园小史

灾难。小巧精美的樱花是日本文化最重要的符号之一，樱花祭也是一年之中最令人期待的节日。欢乐易逝，大多数樱桃树品种花期只有短短几天，但也正因为如此，节日氛围格外浓厚。"花见"（hanami，赏樱）是一项广受欢迎的聚会活动，朋友、家人或同事会坐在一块，一边交际一边赏景。不同地区樱花季的时间也不一样，在温暖的南部亚热带岛屿冲绳，最早一月就能欣赏到樱花，在接下来几个月里，这股开花潮逐渐北上。

人类不是唯一被樱桃树甘美的果实所引诱的物种，这些光亮的小红果对所有鸟儿来说都具有强烈的诱惑。对某些果农来说，这些长着翅膀的不速之客与害虫无异，但有些果农非常享受这些长着羽毛的朋友在樱桃饷宴上带来的音乐与欢乐。英国作家约瑟夫·艾迪生就是后者中的一员，在1712年为《旁观者》杂志撰写的一篇文章中，他栩栩如生地讲述了这样一种愉快的体验：

> 我还有一个比较讲究的地方，或者用我邻居的话来说算一个怪癖，那就是我的花园广邀乡间各种各样的鸟儿进入，并为它们提供泉水和树荫，清净和庇护。我不允许任何人在春天破坏它们的鸟巢，或是在水果丰收的季节把它们从平时栖息的地方赶走。我更喜欢我的花园里满是乌鸫而非樱桃，果子就是对它们歌声的回报。因此，我的花园里总是回响着当季最美妙的音乐。每当看见松鸦或鸫鸟在小路上跳来跳去，在我经过空地和小径时倏忽从眼前掠过，我都会非常开心。

Le Pont St Louis

第十一章

酸到皱脸

长期以来，说到柑橘园，人们总会想起意大利。意大利缘何获得柑橘代言人的地位？波斯人很早就开始种植柠檬，传说亚历山大大帝在公元前300年左右将它们带回。100年后，希腊移民又将它们带到巴勒斯坦。很快它们也出现在意大利，但侵略者摧毁了这些柠檬树，只有科西嘉岛、撒丁岛和西西里岛这三个大岛上的树得以幸存。柠檬树的进一步传播还得感谢阿拉伯人，是他们将柠檬树和橙树带到伊比利亚半岛南部的安达卢西亚。阿拉伯人同时带去的还有油橄榄树，他们甚至不顾《古兰经》关于禁酒的律例，带去了酿酒葡萄。

你是否知道那片生长着柠檬树的土地，

深绿色的叶子间是闪亮的金黄色果实，

湛蓝的天空吹来一阵和风，

月桂树高耸，桃金娘寂静无声。

你知晓这片土地吗？

那便是我的归处，

我要与你，哦，我的爱人，在一处！

我们很容易误以为德国诗人约翰·沃尔夫冈·冯·歌德（1749—1832）之所以写下这些著名的诗句，是受到他富有传奇色彩的意大利之行的影响。事实上，这是他出行三年前的作品，创作于与意大利毫不沾边的小镇魏玛。小镇附近的美景宫以巴洛克式柑橘园闻名遐迩，园中有两座凉亭和一个封闭式庭院。温室内，香气馥郁的柠檬树和橙树生长在花盆中，方便在夏季移去户外。

尽管难以与意大利无垠的柑橘园相媲美，欧洲不少地方还是有人煞费苦心地培育各种柑橘树，尤其在王宫和其他贵族宅邸内。有幸在柑橘树旁度过时光的幸运儿总会被激发出一些奇思妙想。让-雅克·卢梭曾在巴黎北边约30英里（50千米）处的蒙莫朗西小庄园度过一段时光。显然，作家在那期间非常高产，也留下了美好的回忆：

在这段深刻而又愉快的独处时间里，在森林中央，听着各种鸟儿的吟唱，闻着橙花的芬芳，我埋头沉浸在写作中，完成了《爱弥儿》第五卷。我从住处所感受到的勃勃生机在很大程度上影响了这本书的文风。

当然，前文提到的拉·昆提涅也在著作中分享了他在橙树种植方面的心得，这可是橙树园丁的专业领域。园艺大师写下的是对这些植物的赞歌：

在整个花园里，没有任何植物或树可以带来这样的愉

悦，并且维持这么长时间。一年当中，没有任何一天橙树爱好者不能从中获得乐趣。从美丽的绿叶、独特的优美线条、繁多馥郁的花朵，再到美妙、优质、长期可得的佳果，不一而足。我承认，世上或许没有比我更爱这一切的人了。

这本72页的小册子里满满都是详细的指示。例如，橙树的树冠应当看起来像"刚刚闭合的蘑菇或头盖骨"，树冠必须圆满且"内里也不能杂乱无序"。想要得到"最漂亮的橙树"还必须"不能有任何令人不悦的臭味和灰尘，同时要消灭蚜虫和蚂蚁这样的害虫"。

那么到底应该如何排列橙树呢？

温室最好足够大，能种下两排橙树，园丁可以将橙树对称排成优雅美观的队列，有几种布局可供选择。同时，还应当在橙树中间留下一条小路，这样漫步时也能欣赏到橙树在室内的美。

18世纪出版的每一本法国园艺书几乎都脱胎于拉·昆提涅的思想成果。

尽管可以同时开花和结果的柠檬树并非地中海地区土生土长的植物，却也成为该地区的标志。歌德有没有想过，是谁将他如此大加赞美的柠檬树带来意大利的？据推测，他或许知道这些树起源于阿拉伯

左页图
一本德语园艺学期刊上的柑橘插图，19世纪早期。

人带到地中海地区的砧木。伊本·豪卡尔是一名来自巴格达的商人,从他记录的一份报告中,我们可以了解到早在10世纪,巴勒莫附近就已经存在若干像美索不达米亚地区那样拥有灌溉渠的花园了。当时,园内种植的植物包括橙树和柠檬树。

我们现在已经知道,柑橘树起源于距离意大利非常遥远的东方。证据之一就是1200年前中国诗人杜甫在诗中所描述的:"秋日野亭千橘香。"他在另一首诗中提到时人吟诵的所谓橘赋,认为柑橘树应当留在故土,而非远赴他乡。很显然,有人并未遵守这条规矩,现在世界各地的热带和亚热带地区都有柑橘树。

《行走的柠檬: 意大利的柑橘园之旅》是一本讲述意大利柑橘栽培的有趣的书,作者海伦娜·阿特利在书中解释了为何难以确定第一批甜橙来到欧洲的具体时间。我们的味觉是主观的,而在引起谜团的那段历史时期,人们还无法测量水果的酸度和甜度。不过,航海家在16世纪中期将甜橙从中国带回葡萄牙是公认的事实。在那之前,欧洲人只吃过酸橙。

已知世界上第一本关于果树研究的专著也来自中国(后来人们把这门学科叫作"果树学"),这可不是巧合。这本书的作者叫韩彦直,曾任温郡知州,"温郡"就是现在的浙江省温州市。他在《永嘉橘录》中提供了栽培和嫁接泥山柑的建议。现在学者们认为泥山柑就是橘子。我们应当对书中的某些信息持保留态度,例如,韩彦直在书中声称,人在饮酒当天所摘的橘子会很快腐烂。但他对橘子用途的记

录很有启发性。他描述了如何用橘子给衣服熏上香味，如何在烹饪时使用橘子调味，以及如何用蜂蜜保存橘子。橘皮能制成商人趋之若鹜的精油，也能入药。某个品种的橘花可以加工成粉末，点燃后会释放橘子的香味。同时期的文献中记录到这种香味非常浓烈，能令人生出幻觉（至少在嗅觉上），感到自己仿佛亲身安坐在一株橘树之下。橘子在古代中国的地位非常重要，以至于朝廷专门任命了一位橘官，职责是确保御橘供应充裕。

之后几百年里流传下来很多园林主题的绘画和书法作品，常以精致的细节展现巧夺天工的园林景观。但笔者竭尽所能，未能找到清晰呈现果园的画作。当画中确实出现果树的时候，又往往很难辨认出具体品种。

其中一幅难以辨认果树品种的画作便来自公元1600年左右，当时是中式古典园林的黄金时代。长江下游的江南地区一度出现了几百座园林，大小不一。这其中就包括坐落在武进城城墙北边的止园。1627年，以气势恢宏的山水画和堪舆图而闻名的画家张宏为止园创作了一系列风景画。其中第十四开图（共二十开）所画的是园中"梨云楼"，一座拥有四坡屋顶的雅致亭阁，露台上既可俯瞰池景，也可赏月。

出人意料的是，亭阁边环绕的并非梨树，而是花开正盛的李树，据说一共栽种了700株。在另一开画作中，橘树与木兰、柏树和其他植物错落有致。单从这些画作中，很难看出不同树种的区别，好在止园的主人吴亮在附注中列明了树种。看着张宏的作品，我们可以想象那

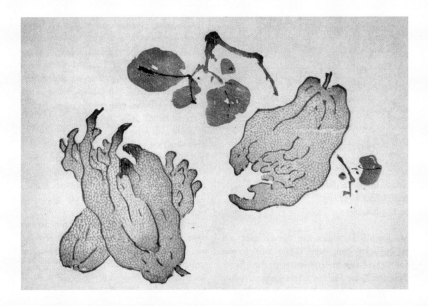

些花朵柔和的甜香在园内拂过，邀请访客们驻足休憩。

我们并不缺乏探索中国柑橘文化遗迹的资源。明朝末期，胡正言
（约1584—1674）的十竹斋出了一系列图谱，包括一套以水果为主题
的木版水印画谱，其中就有一种令人惊叹的香橼品种——佛手柑，又称
五指柑（*Citrus medica* var. *sarcodactylis*）。这种水果看起来像一簇奇
形怪状的手指，在远东地区一直很受欢迎，人们尤其欣赏它那沁人心
脾的香气。

还能找到什么其他关于柑橘起源的线索呢？17世纪印度统治者、
莫卧儿帝国皇帝贾汗季在他的回忆录中非常热情地提到了从孟加拉国
运来的一船橙子：

尽管产地远在1 000科斯[1]之外，大部分水果运达时还很新鲜。由于这种水果美味可口，走私贩子会尽可能多带一些包裹以满足私人消费需求，并亲手送货。我无法为此用言语向真主阿拉表达感谢。

——
1
印度长度单位。

直到今天，人们从没在野外发现过橙子。一种假说认为，橙子是宽皮橘和柚子杂交的产物。总之，许多人为解开橙子的身世之谜而绞尽脑汁。植物学家埃马努埃尔·博纳维亚的经历可以体现人们在此过程中面临的一些困难。博纳维亚探访了印度德里的果园，想了解更多关

于传说中"椪柑"的信息。但等他抵达之后，眼前的一切令他大失所望。名为"果园"，实则果树零散分布在森林各处。当地果农辩称，之所以这样安排，是因为椪柑树喜阴，在其他高树下长得格外好。博纳维亚没有灰心，而是继续他的研究。在《印度及锡兰所栽橙子与柠檬》（1888）一书中，他写道："我不遗余力地挖掘椪柑的起源，以及该品种的名称由来。"

尽管没有人能回答博纳维亚关于椪柑起源的问题，但人们就该问题达成了某种一致。博纳维亚表示："所有人都承认这不是本土水果，传说罗摩麾下的哈努曼将军从楞伽岛（锡兰）返回时

引入了这种植物。有些人则说种子其实来自阿萨姆。"不过，博纳维亚后来注意到，许多作者认为柑橘起源于中国或者当时被称作"交趾支那"的地方（如今包括越南南部和柬埔寨东部），于是提供了另一个版本的起源故事。有一件事可以肯定，那就是柑橘在南亚和东南亚已经流传很长时间了。

如今，在将近一个半世纪后，我们又找到了一些新线索。美国和西班牙科学家的研究将柑橘发源地的范围进一步缩小。为此，研究人员分析了超过50个品种的基因组，从中国的橘子到酸涩的苦橙，甚至绘制了柑橘族谱。其中最重要的品种是香橼、宽皮橘和柚子。起源地被缩小到喜马拉雅山脉东部和东南部丘陵地带，该地区冬季气候温和，阳光充沛，降水量相对较低。在湿度高的热带地区，柑橘容易感染各种病害，所以可以排除任何偏南的地点；而大部分柑橘植物又无法忍受霜冻。

意大利艺术家和收藏家与中国古代的同好一样，也会不由自主被柑橘偶发的奇形怪状所吸引。强大的美第奇家族也是狂热的柑橘爱好者。1665年1月，科学家兼诗人弗朗切斯科·雷迪给红衣主教莱奥波德·德·美第奇寄去一份报告：

> 今天，我特意观赏了主教大人那迷人的果园中的柑橘，
> 并发现了一个前所未见的新品种。我让其中一位园丁割下几

枚怪果，并将这些新鲜玩意献给主教大人。

托斯卡纳大公科西莫三世也是美第奇家族的一员，他在佛罗伦萨附近的卡斯泰洛也有类似的柑橘树收藏。他聘请佛罗伦萨画家巴托洛梅奥·宾比（1648—1729）绘制了四幅不同视角的柑橘树丰收景象。画中的枝头或树丛间挂满橙子、香橼、柠檬、香柠檬和青柠。

早在16世纪，种植柑橘的狂潮就裹挟了中欧的豪门望族。跟意大利的情况一样，柑橘园成了身份的象征。德国南部慕尼黑附近的奥格斯堡就有一座这样的果园，属于富可敌国的商界巨擘富格尔家族。据说，这座果园在1531年便已集齐意大利种植的所有柑橘品种。

意大利加尔达湖附近有为柑橘树搭建临时遮棚的习俗，这一做法传到了北边的宫廷和大宅中。这些简单的木质结构使用苔藓和动物粪便来隔热，并通过烤窑进行加热，在春天可以轻松拆除。直到17世纪末才设计出专门用来当作柑橘暖房的永久性建筑。

柑橘果实引发了人们的无尽想象，不过其中最以痴迷柑橘而出名的还要数约翰·克里斯托夫·福尔克默（1644—1720）。福尔克默出身于医学和植物学世家，1708年，他写了一部柑橘百科全书，名为《纽伦堡的赫斯珀里得斯》，灵感来自大力士赫拉克勒斯的一段传奇历险故事。这位大英雄从众神的花园里偷走了传说中的金苹果，而看守金苹果的正是三位赫斯珀里得斯女神——埃格勒、阿瑞图萨、赫斯珀瑞图萨。对着迷的读者来说，这本书字里行间所吹捧的水果似乎才是希

Limon della Costa grosso. 1695

腊神话中真正的金苹果。在纽伦堡附近发展出的丰富多彩的果园文化中，"赫斯珀里得斯"也成了常见词。福尔克默本人的花园是德国南部最华丽炫目的花园之一。

《纽伦堡的赫斯珀里得斯》中有100多张铜版印刷插图，这些插图别具一格，其中花园风景或建筑图景上方总是悬浮着巨大的香橼、柠檬、香柠檬、青柠、普通橙子和酸橙。福尔克默在自己位于纽伦堡附近哥斯滕霍夫区的花园里，为果树设计并建造了一栋在当时来说非常前卫的建筑。建筑的南端是开放式的，在气候温暖的季节里可以将屋顶移除。这栋建筑与"品香室"相连接，访客在冬天也可以边欣赏花果美景，边轻嗅香气。这几乎完美营造出在北方气候条件下置身于地中海花园中的幻象。在意大利，福尔克默也凭借创业精神而声名远扬，只不过他在此地的名气与柑橘园无关，乃是因为拥有养蚕的桑树园以及毗邻的丝绸工厂。

在遥远的北方，人们也梦想着在柑橘树丛中过上田园牧歌般的生活，并就此生出无限遐思。1730年，苏格兰诗人詹姆斯·汤姆森在他的作品《四季》中歌颂了果园所带来的快乐：

下图
意大利加尔达湖
地区柠檬丰收的
景象，20世纪早期。

波摩娜，带我去你的柑橘园吧，

去看柠檬和耀眼的青柠，

去看深色的橙子在碧绿中闪光，

明亮的光辉融为一体。让我卧倒

在蔓延的罗望子下，树枝轻晃，

微风拂过那能令热度褪去的果子。

在书写过魏玛美丽的柑橘园后不久，歌德在加尔达湖附近第一次遇到了芬芳怡人的柠檬园。当地种植柑橘的传统可以追溯到13世纪。歌德在游记《意大利之旅》中讲述了自己在1786年9月的一次经历：

我们途经利莫内，当地山腰上的梯田种满了柠檬树，看起来整齐利落、苍翠繁茂。每片果园里都有一排排白色四方柱，拉开距离，沿山坡拾级而上。柱子上横向安装了结实的支架，在冬季保护那些种在柱子之间的果树。

两个月后，他来到罗马附近，尽管当时是冬天，当地的树木依然赏心悦目：

你在这里根本注意不到冬天。唯一能看到的雪来自北方遥远的山峰。柠檬树沿墙种植，不久后就会被盖上灯芯草垫子，但橙树还是留在外面。跟我们国家不同，这儿的人不曾修剪柑橘树，也不会把它们种在桶里，而是自然随意地种在泥土中，与同类长成一排。没有比看到这样一棵树更开心的事情了。只要花上几便士，你就能敞开肚皮大吃橙子。此时的橙子已经很美味了，但到了三月还会更可口。

一路南下来到伸入那不勒斯湾的索伦托半岛，这里离卡普里岛和庞贝古城遗址不远。置身其中，仿佛踏入了完全是陈词滥调中的意大利南部浪漫风情世界。这里风景如画，随处可见柠檬园和橙园。果树依附在陡峭的斜坡上，围在古老的石墙中，长在阳光灿烂的梯田里，有些由栗木制成的支架撑住，几乎一年四季都能看到柑橘树开花。

在几十年乃至几百年间，这些柑橘树给无数访客带来灵感，其中就有哲学家弗里德里希·尼采（1844—1900）。他曾在柑橘林中漫步，享受阴凉，欣赏墨绿色叶子掩映的白色花朵，思绪飞到九霄云外。在1876年10月26日到1877年5月初这段时间，时年33岁的尼采客居在鲁比纳奇庄园。

尼采应作家玛尔维达·冯·梅森布格之邀来此与她共度隆冬。当时，尼采由于患有严重偏头疼，已于一年前辞去瑞士巴塞尔大学教授的职务，亟须康复。他的医生保罗·雷埃和学生阿尔贝特·布伦纳是此次度假的旅伴。从一楼的卧房里，这位年轻的哲学家可以直接欣赏花园美景。在玛尔维达写给女儿的一封信中，她描述了园中的油橄榄树和橙树如何相依相伴，长成一片森林的模样。当尼采鼓起勇气来到户外时，树荫使他免受阳光直射，也就不会引发痛苦的头疼。他在此地停留期间，有棵树在他心目中越来越重要，因此传出一则有趣的逸事。据说，每当他站在这棵树下，就会文思泉涌，这棵树也因此被戏称为"灵感树"。

在庄园休养期间，尼采埋首于他的伟大作品《人性的，太人性的》。尽管书中没有特别提到创作时围绕着他的那些柠檬树、橙树和油橄榄树，但作者分享了他的心得："我们之所以那么喜欢亲近大自然，是因为大自然不会评判我们。"尼采在索伦托还体验了些什么呢？他是否品尝过柠檬利口酒？这种甘甜的黄色柠檬烈酒可是当地特产之一。

如此多作家曾经从柠檬园和橙园中汲取过灵感，这一定不是巧合。柑橘花令人陶醉的香气肯定为其增添了不少魔力。法国作家居伊·德·莫泊桑（1850—1893）可以证明柑橘花香的魅力。他曾去法国南部旅游，闻到了摩纳哥城北边的橙花香：

> 我的朋友，你可曾睡在繁花盛开的橙园中？在那里，愉快吸入的每一口空气都是香氛精华。这味道浓烈又香甜，好似美味佳肴，与我们融为一体，浸透我们、麻醉我们、瓦解我们，让我们陷入困倦恍惚的萎靡之中。就好似这是仙女代替药剂师亲手为我们准备的鸦片一般。

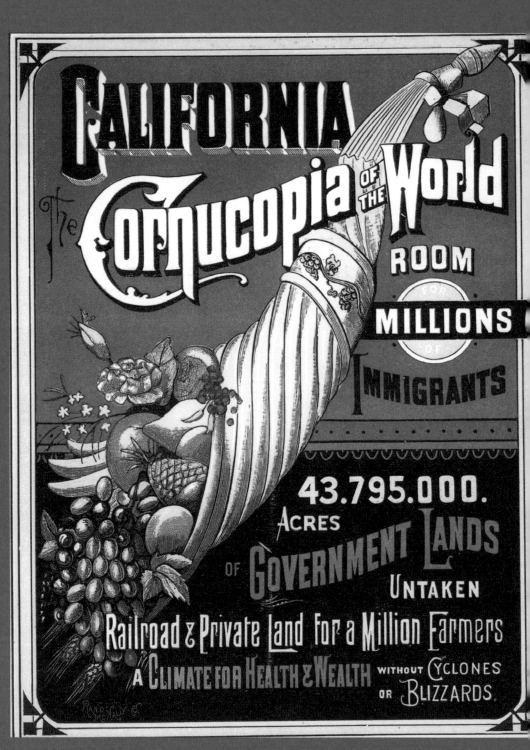

地道美国味

　　果园在北美洲的发展史与欧洲相比存在很多差异。首先，直到离今天不远之前，北美洲大陆上广袤的森林里都从来不缺乏野果。对许多北美洲原住民来说，野果、浆果和坚果构成了他们饮食的主要部分。法国人路易·阿尔芒（拉翁唐男爵）曾游历美洲大陆，他途经的区域分别隶属于今天的美国和加拿大。在《北美新探》（1703）一书中，他间接提到了当地原住民的饮食。书中描述了当时住在如今北密歇根地区的休伦人如何采摘野葡萄、李子、樱桃、蔓越莓、草莓、黑莓、覆盆子和蓝莓，甚至用枫糖浆腌渍野苹果进行保存。

英国人带来了他们的种植技术，而他们驻扎的第一个殖民地位于东海岸。早在英属殖民地时期，当地的水果文化已经高度发达。1629年，约翰·史密斯上尉就提到了詹姆斯敦的苹果树、桃树、杏树和无花果树。据说，弗吉尼亚州第一任州长威廉·伯克利在自己的"绿泉庄园"里种植了约1 500棵果树。1656年出现了一本标题非常巧妙的书，叫作《利亚与拉结；又名，丰产姐妹花——弗吉尼亚与马里兰》。书中，弗吉尼亚州居民约翰·哈蒙德写道：

> 乡间到处都是壮观的果园，总的来说，水果比我们这里的更加甘甜美味，尤其是桃子和榅桲。榅桲生吃也有滋有味，桃子跟我们最爱吃的野苹果很不一样，而且好吃得多。两者都可以加工成最美味和爽口的饮料。野生葡萄层出不穷，还有大量胡桃、榛子、栗子和数不清的美味水果，以及英国没有或从没被人发现的李子和浆果。

出生于诺曼底的埃克托尔·圣约翰·德克雷弗克（1735—1813）为我们提供了更多信息。他曾作为地图绘制员在加拿大工作了好些年，也在当地参与了抗击英国人的战争。后来，他把自己的名字彻底英语化，改为约翰·赫克托·圣约翰，并与妻子定居在纽约州奥兰治县，那里有很多果树。他的书《18世纪美国随笔：一位美国农民的信》提供了很多细节，充分展示了当时的苹果种植业，值得详细引用。他曾经提到，"在

果园小史

秋天栽种了一座新的苹果园，占地五英亩，共计358棵树"。要如何消耗那么多苹果？"上帝知道，反正不是用来酿苹果酒！"德克雷弗克坚定地说。或许他这样说是为了避免人们以为他想整日饮酒（尽管很久之后才会兴起禁酒运动）。其实，那些苹果大部分用来喂猪了：

> 等我们的猪把桃子吃干抹净后，就把它们赶进果园。苹果和桃子都让它们胃口大开。看着它们灵巧地用身体蹭小苹果树，想借此把果子摇下来，简直是一项奇观。它们经常直立站起，抓住树枝，设法吃到更多苹果。

采摘过后，还有很多工作要处理。与邻居保持友好关系是很必要的，尤其到了准备晾晒苹果的时候：

上图
李高速公路旁一个售卖苹果酒和苹果的摊位，今仙纳度国家公园内，弗吉尼亚州，1935年。

我们邀请邻居妇女晚上来家里，发给每人一篮苹果，请她们刮皮、切成四块并去核。果皮和核丢到另一个篮子里。等到完成当天的工作量后，我们会端出热茶、丰盛的晚餐和家里最好的东西。这样齐聚一堂的夜晚总是生机勃勃，响彻欢声笑语和歌声。尽管我们的碗里装的不是西印度群岛上精致的潘趣酒，也不是醇厚的欧洲葡萄酒，但我们的苹果酒也能给大家带来简单纯粹的快乐，所有人都心满意足。

第二天，一群人搭起木头架子，继续晒苹果的工作：

竖起支架后，将苹果薄铺在上面。很快就会引来附近所有的蜜蜂、黄蜂和斑虻。这样做可以加快晒干的速度。时不时给苹果翻个面，晚上还要盖上毯子。假如赶上下雨，得把苹果收好带回室内。重复这些步骤直到苹果彻底晒干。

果园小史

德克雷弗克进一步解释了之后该如何使用这些苹果干。要将它们泡在温水里过夜，这样干苹果就会重新鼓胀成原本的大小：

如果拿来做派或水果布丁，很难吃出使用的到底是不是新鲜水果。我认为这就是我们农场最美味的食物。一年当中有一半时间，我和妻子的晚饭就是苹果派和牛奶。桃子干和李子干比较珍贵，留着在节庆、聚会和其他常见的民间庆祝活动时享用。

他还提到一种蒸馏苹果酒制成高度烈酒的方法。另一项特产是苹果泥，“在冬天是一种最美妙不过的食物，尤其在有很多孩子的场合”：

为了做苹果泥，我们会拿出最好最饱满的苹果，削皮煮熟，混入大量甜苹果酒，蒸发掉大部分水分。还要加入适量榅桲和橙皮。做好后保存在瓦罐中，成为漫长冬日里的一道美味，有些人非常喜欢。它可以节约用糖，在巧妇手中还能变幻出各种用途，远比我能描述的要多。我们从事的行业教会了我们将大自然的赠予变成适合自己身份的食物。

尽管大部分18世纪和19世纪的果园都没有留下任何痕迹，我们仍然可以通过当时的广告画来了解果树在那个时期究竟有多受欢迎。一

个名叫威廉·普林斯的果农就为我们提供了不少突出的例子。他在长岛成立了美国第一家成熟运转的商业苗圃，占地80英亩（32公顷）。1771年的一份报纸上刊登了占据两个版面的广告，列举出他在苗圃中出售的180种果树和植物，其中大部分进口自欧洲。普林斯给自己的产业起名为"老牌美国苗圃"，一直经营到19世纪下半叶，并且在此期间发行的商品目录内容日益丰富。例如，在1841年的一版商品目录中，共列出1 250个水果品种。除了经营苗圃外，勤劳的普林斯家族还出版了一系列与果树相关的书，包括《果树栽培指南；又名，水果论：果园及花园最有价值品种百科》（1831）。

就连美国总统都是果树种植爱好者。1760年，乔治·华盛顿在他位于弗吉尼亚州的弗农山庄里种下几千棵果树苗。他的日记里有许多片段记载了自己的果树培育工作，比如嫁接不同品种的树。山庄内收获的水果会直接吃掉、保存或加工成苹果酒。1762年3月24日的日记中他第一次提到这个话题，我们可以看看总统的记录详细到什么地步：

> 用薄荷花坛里的一簇接穗嫁接了五棵同样的樱桃树。
> 还有，三棵牛心番荔枝（来自梅森上校），一棵在大门右边的墙下，另两棵也在墙下，在五棵粉红樱桃中间，李树对面。（牛心番荔枝是一种微甜的果实，植物

学名Annona reticulate，或许来自西印度群岛。）

1785年，华盛顿重新规划了弗农山庄的花园。果树被移出正式菜园，让位给更多的鲜花和蔬菜。他还从一位詹尼弗少校手中买入215棵苹果树。苹果以及梨、樱桃、桃、杏等其他庄园里常见的果树被分配到已有的花园里，种在山庄周围的农场中。其中有些树被园丁们培育成篱架式整枝树。我们不应忘记，这些园丁都是奴隶。

托马斯·杰斐逊总统（1743—1826）与华盛顿一样热衷于栽培果树。他位于弗吉尼亚州的蒙蒂塞洛庄园声名远扬，庄园内与杰斐逊的其他产业一样种植了大量果树，共包括170个水果品种。其中，他挑选出的苹果代表了当时该地区的典型品种，包括"休氏"野苹果、"伊索珀斯·斯皮岑堡"苹果和"罗克斯伯里·拉西特"苹果。但他最喜欢的还是"塔勒沃"苹果，因为他声称这种苹果树能结出"最适合酿酒的苹果……口感更贴近丝滑的香槟"。遗憾的是，我们现在只能想象这款上乘苹果酒的味道，因为"塔勒沃"苹果跟其他退出历史舞台的水果品种一样已经无处可寻了。不管怎么说，当谈论到水果时，杰斐逊是一个真正的美国爱国者，断言欧洲"没有苹果能媲美我们的'牛顿·皮平'苹果"。"牛顿·皮平"是广受好评的"阿尔伯马尔·皮平"苹果早期使用过的名称之一。有充分证据表明杰斐逊曾让他的奴隶园丁负责嫁接果树，而且令人惊讶的是，他认为从种子培育出的果树更好。

上图
一箱箱桃子即将
离开果园，科罗
拉多州德尔塔
县，1940年。

　　尽管杰斐逊干劲十足，却无法改变一个事实，那就是很多欧洲水果品种难以招架弗吉尼亚州温暖潮湿的气候。梨树、李树、扁桃树和杏树饱受虫害和疾病困扰。不过杰斐逊还是取得了不少成就。他对来自宾夕法尼亚州的"塞柯"梨赞不绝口，夸口说这是"我离开法国后吃到的最好吃的品种，与法国梨相比也毫不逊色"。他也对"马赛"无花果给出类似评价："我见过最优质的无花果。"

　　美国果树学会成立于1848年，成立之初面临的任务之一就是为不时陷入混乱的水果贸易业建立秩序。人们常常给次品果树苗或水果冠以误导性的名字；还会重新命名已有品种，包装成"新"品种出售。市场上以次充好的行为比比皆是，给整个行业蒙上一层阴影。为了解决这个问题，美国果树学会委员会开始编纂名录，列出各个水果品种形形色色的名字和异名。

当然，仅凭文字很难说清水果外表上的细微差别，一部可靠的辨认指南必须搭配图片。马萨诸塞州的一名果农查尔斯·M.霍维（1810—1887）邀请艺术家威廉·夏普来准备苹果、梨、李子、桃子和樱桃的插图。最终，霍维以美国果树学会的名义出版了《美国水果大全》（1848—1856），分上下两册。之后若干年里，有更多艺术家参与到这个项目中。其中，一位名叫约瑟夫·普雷斯特尔的功臣颇为引人注目，他在移民到美国之前曾是慕尼黑皇家植物园的一名插画师。1930年，该图鉴终于出版了最后一册，共收录由65位艺术家创作的约7 700幅水彩画。

　　朱利叶斯·斯特林·莫顿（1832—1902）是格罗弗·克利夫兰总统在位时期任命的美国农业部长，还曾在内布拉斯加成为正式州之前担任州长。他不仅是一名政客，也非常热衷于园艺。和妻子搬家到内布拉斯加城后，他买下一座面积160英亩（65公顷）的农场，并开始通过实验寻找在当地气候条件下最适合种植的品种。据同时期的人透露，莫顿家有2 000棵果树，囊括了市面上所能找到的最优秀的苹果、桃子和李子品种。1872年，莫顿发表了一篇激动人心的讲话，公开号召人们将果树种植作为美国西进运动的主要途径：

　　　　好的果园可以让人安心，让你觉得新家更像"留在东部
　　的老家"……果园能够传播文化和修养。身处亲自种植的果
　　树中时，人们会变得更好、更体贴。假如内布拉斯加州的每
　　个农民都好好打理一座果园和一座花园，再加上林木种植，

我们就可以从思想上和实践上同时成为农业最发达的州，以及联邦最大的农产品基地……假如我有这个权力，我会让本州每个有土地的人都种植、栽培果树。

就在莫顿发表这篇讲话当天，美国召开了一场对树木至关重要的会议。会议决定将4月10日定为美国植树节。这项传统一直流传到今天，不过，按照生长期的差别，各地植树节的具体日期有所不同。对于包括内布拉斯加在内的北美大平原来说，果树比别处更重要，因为该地区基本没有森林。在白人拓荒者来到内布拉斯加之前，这里的森林覆盖率只有3%，且多数集中在河边。截至1890年，他们已经栽种了几百万棵树，彻底改变了当地很多地区的地貌。树木在农场中格外有用，可以帮助抵挡强风。

人们对果树的热情值得细究，还因为19世纪中期出现了一项重大转折。随着禁酒运动影响越来越广，越来越多的农民不再重视苹果园。但烈性苹果酒需求下降并非只是因为人们开始戒酒。随着德国移民越来越多，啤酒酿造也越来越普及。很显然，啤酒获得了更多美国人的青睐。

尽管如此，美国苹果种植业依旧东山再起，只不过我们不能确定这是不是莫顿一个人的功劳。20世纪初，美国农业部在颁布的《苹果术语大全》中列举了超过17 000个品种。扭转形势的关键性转变在于，越来越多人开始将苹果视为健康零食，而之前用来酿造烈性苹果酒和苹果白兰地的品种并不适合这项用途。1920年，全国范围内颁布了禁酒令，标志着禁酒运动达到巅峰。此后，苹果主要种植品种继续变化。自那时起，大部分苹果农开始生产不含酒精的"甜苹果汁"，也就是未经过滤的苹果汁。

拉尔夫·沃尔多·爱默生自然知晓苹果并非源自美国本土的植物，但这并没有阻止他宣布"苹果是我们的国民水果……[假如没有]这种既能观赏又能促进社交的水果……美国人会更孤僻、朋友更少、更缺乏支持"。至于苹果派？众所周知，哈丽雅特·比彻·斯托是《汤姆叔叔的小屋》的作者，殊不知她对于苹果派这道地位至高无上的美式甜食也颇有见地。1869年，她写道："苹果派是英国传统甜食，但是来到

右图
华盛顿州郁郁葱葱的苹果园一直以来稳定供应美国市面上的苹果。20世纪50年代初，克拉格·D.吉尔伯特在为他的果园设计商标时加入了舒克桑山的形象，这是他在华盛顿州北瀑布国家公园内最喜欢攀登的山。

果园小史

美洲土壤后，立刻疯狂流行，迸发出无数口味和种类。"美洲自16世纪就开始享用苹果派，但记录显示，"像苹果派一样地道美国味"这句俗语则等到1860年左右才出现。

说到苹果在北美洲的传播，最不容忽视的一个人就是来自马萨诸塞州朗梅多镇的约翰·查普曼（1774—1847）。据说，1797年，23岁的查普曼背着满满一包种子出发。传说中，后来被人们叫作"苹果佬约翰尼"的查普曼总是光着脚，身上裹着咖啡色麻袋，睡在空心树干里。他一路西进，来到边疆，播撒苹果种子，并在两到三年后把树苗卖给拓荒者，然后继续前行。俄亥俄联合公司等土地投机公司也为他提供助力。这些公司向拓荒者承诺，只要他们在三年内种下至少50棵苹果树和20棵桃树，就能获得土地的永久产权。

上图
在冰箱问世之前，水果往往被做成罐头保存。图中展示的是博特纳夫人的地窖，俄勒冈州马卢尔县尼萨高地，1939年。

当查普曼没有为苹果事业忙碌的时候，他会大声朗读瑞典神学家兼神秘主义者伊曼纽尔·斯韦登伯格的著作。斯韦登伯格不仅声称自己曾与天使和鬼魂对话，还相信一切现实世界里的物质都代表了宗教世界中的元素，因此不能对其随意篡改。于是，查普曼也和杰斐逊一样抵制嫁接技术。这种做法是对上帝神圣安排的干涉：

　　　　他们确实可以通过这种方式来改良苹果，但那只是人类的诡计罢了，而且像那样切断果树是邪恶的行为。正确的方式是甄选上好的种子，种在肥沃的泥土里，再将改良的重任交给上帝。

不过，我们得提醒自己，此时还是禁酒令实行之前，苹果主要被用作猪饲料或用来制作烈性苹果酒，所以没人指望它们像今天的食用苹果一样美味。

苹果佬约翰尼的传奇故事确实有一些值得怀疑的地方。他真的像许多故事里说的那样是一个殉道者吗？他所有的苹果树真的都是从种子种起的吗？向他购买树苗的拓荒者是不是真的遵照他的指示复制了他的做法？

后来，加州南部同样发生了一场彻底改变整个地区的开发运动，那就是在洛杉矶和里弗赛德之间兴起的橙树种植事业。关于这个故事的不确定性没有那么多。1873年，该地区首次开始栽培脐橙，树苗来自巴西。在接下来的几十年里，脐橙树总数飙升到100万棵。直到19世纪80年代早期，橙园旁还有很多葡萄园，但最终都因枯萎病而惨淡收场。橙树也面临自己的困扰——一种叫作吹绵蚧的昆虫。但种植者可以从澳大利亚进口澳洲瓢虫来帮助控制虫害。1886年，多亏了圣菲铁路将路线延伸到洛杉矶，沃尔夫斯基尔果园向美国东部输送了一整列火车的加州橙。人们用口号"健康靠橙子，加州赚银子"来同时宣传加州及其标志性水果。很快，用来运输橙子的包装箱外也贴上了展现当

左图
在加州南部采摘橙子，20世纪初期。

右图
积雪盖顶的群山俯瞰橙园，加州，20世纪初期。

地明媚风光的田园风景画。

最主要的难题是如何建立高效的灌溉系统。必须通过运河来引流圣加布里埃尔山的冰雪融水，并从一开始就及时避免水源使用者之间出现纷争。乔治·查菲（1848—1932）是解决这个问题的关键人物。他是一名来自加拿大安大略省金斯顿市的工程师。1862年，查菲和弟弟威廉买下一块土地，正是后来加州安大略市和阿普兰市的前身。在合作企业"互助供水公司"的协助下，查菲向每个移居者提供平等使用圣安东尼奥峡谷水源的渠道，并通过水泥管将水输送到每块土地上。这套创新系统只是查菲为南加州基础设施建设做出的诸多贡献之一。

加州的柑橘种植者承受了来自方方面面的巨大压力，例如，1887年土地价格暴涨为原来的五倍，以及果农失去对销售渠道的掌控等。但果农们在20世纪初期集中力量、团结一心，令行业迅速回春。到那时，橙农们已经明白，只有保护橙树不受风害它们才会茁壮成长。人们常常通过种植桉树来解决这个问题：桉树长势很快，娇嫩的橙树往往两到三年后才能追上它们的高度。这些桉树成排栽植，每一排之间间隔22英尺（近7米）。农场工人主要是中国人、菲律宾人、日本人和墨西哥人，他们用玉米秆保护树干免遭黑尾长耳大野兔的祸害。当霜冻开始妨碍植物生长时，工人们会在果园边缘燃起巨大的火堆，形成的浓厚烟雾足以驱散果树旁的冷空气。

橙子和装橙子的包装箱（上面贴了色彩缤纷的广告画，展示阳光灿烂的加州美景）吸引了越来越多人来到这个大名鼎鼎的太平洋沿岸州。他们有些是游客，有些则成为新州民。当美国娱乐业也选中这里作为大本营后，南加州的命运就此注定。土地价格再次大幅增长，许多果园被遗弃。此时，橙农在中央山谷一带找到新据点。加州和佛罗里达州后来也都以生产葡萄柚而闻名。葡萄柚的名字听起来与实物不符，或许是为了致敬一种非常古老且早已消失的水果品种，那种水果确实像葡萄一样一串串挂在树上。

当然，加州并不是西海岸上唯一一个种植水果的热门地点，华盛顿州就跟毗邻的加拿大不列颠哥伦比亚省一样以苹果出名。规模庞大的苹果种植业始于微末——1847年，贵格会废奴主义者亨德森·吕林（1809—1878）和女婿威廉·米克乘坐一辆有篷大马车从艾奥瓦州出发，车上载满苹果树苗。他们在俄勒冈和加州停留，栽培苹果园，然

下图
葡萄柚确实比橙子大，但能有这么大吗？佛罗里达，1909年。

后往北抵达华盛顿州。后来，当铁路终于连通东西海岸后，华盛顿州成为全世界最大的苹果产区。苹果园簇拥下的韦纳奇小镇自称为"世界苹果之都"。

对于其他品种的果园主来说，能用火车将收成迅速送向各地市场也是一项巨大优势。其中一种跟着沾光的水果就是娇气的桃子，自殖民时代起美国人已经开始种植桃子。菲利普·罗斯在1997年出版的小说《美国牧歌》中纪念了这些运送水果的火车曾经扮演的角色，他笔下的主角描述了这样一段连接新泽西州和纽约市的（虚构）铁路：

一段铁路曾经从怀特豪斯出发，带着亨特登县果园里的桃子开往莫里斯敦。30英里长的铁路只为运输桃子而存在。当时在大城市的小康阶层里掀起了一股桃子热，人们愿意从莫里斯敦往纽约运桃子。桃子专列。挺了不起吧？需求大的时候，一天能有70节车厢里装满亨特登果园中摘下的桃子。那里曾有200万棵桃树，一场枯萎病之后，什么都不剩了。

我们也不能忘记，在某些地区集中种植特定作物是一种相对较新的现象。在这之前不久，只要有农场的人就有果园。而在人口集中汇聚到城市之前，几乎人人都有农场。在新英格兰地区，直到今天依然存在一些这样的传统果园，并仍在接待访客。康涅狄格州米德尔菲尔德的莱曼果园就是一个例子。莱曼果园成立于1741年，当时的主要作物是桃子。在缅因州布卢希尔第一个公理会牧师乔纳森·费希尔（1794—1837年期间一直坚守这份工作）的故居附近有一片纪念果园，环绕着一株有着200年历史的梨树，很显然是费希尔本人亲自栽种的。而在马萨诸塞州内蒂克市，清教徒传教士约翰·埃利奥特和一小群拓荒者在1650年建立的瞭望农场现在已经有六万棵果树了。果园里种植着11种苹果，还有梨、桃子和李子。跟很多果园一样，访客在这里可以自行采摘水果。"农场自采"模式是新罕布什尔州一位农民在20世纪20年代发明的，很快就流传开来，今天在世界各地的许多国家都很受欢迎。

还有其他值得讲述的故事。意大利移民在19世纪后半叶来到美国，带来了刺苞菜蓟种子、葡萄插条和无花果树。人们在后院里栽下无花果树，就连匹兹堡和克利夫兰都能看见它们挺立的身影，一开始没有人相信它们可以在这些地方扎根。人们竭尽所能，小心翼翼地确保他们的宝贝无花果树可以挺过冬天。这些倍受呵护的水果维系着人们与祖国的情感羁绊。这种行为非常普遍，以至于当时只要看到无花果树就知道这里住着意大利人（很快将变成意大利裔美国人）。令人惊讶的是，当年的许多树一直存活到今天。每一年，人们都会用旧洋葱网袋保护还未成熟的果子，不让鸟儿啄食。"意大利花园计划"是一个记录意式美国花园及其管理人的活档案项目，他们在10多年间一直追踪记录这些无花果树以及它们的确切位置。让更多人意识到这些植物的存在，能够帮助意大利裔美国人将他们的文化遗产一直传承下去。

无拘无束的果园

　　热带地区的森林里随处可见果肉厚实的水果，但并非得来全不费功夫。假如人们想从水果中获得最大收益，就必须精心照料这些植物，保护它们免受疾病和虫害困扰。在此地，果树的驯化过程或许与气候更温和的地区类似。当人们在森林或丛林里遇到特别爱吃的果子时，就会把整棵树连根挖起，带回去种在自己家旁边。被选中的那棵树也从迁移中获益，它面临的竞争减少，说不定还能得到人类的生活垃圾作为肥料。

　　许多西方发达国家的人常常怀有浪漫的念头，认为热带森林是一片未被污染的净土，并且应当永远保持这种状态。事实上，人类一直在与这些森林共存并改变它们，即便没有上千年历史，也有好几百年的时间了。纽约植物园植物学研究员查尔斯·M.彼得斯在全球各地的热带雨林中做田野调查已经有几十年了。在《治理荒野》一书中，他提醒大家"在很多情况下，人类活动开辟出新栖息地、针对性去除杂草以及引入新物种，实则增加了热带森林中的物种多样性"。

但是让我们回到过去。在中美洲地区，农业发展以及随之出现的人类聚落始于约8 000年前左右，晚于新月沃土。在南美洲热带地区，又过了4 000年才出现人类进入农耕文明的转折点。当地人驯化的第一种作物是玉米。墨西哥西部的河谷地区夏季潮湿、冬季干燥，玉米就生长在那里。从远古时代起，这里就有丰富的水果品种，但古代杧果（首先在印度被人类驯化）、香蕉（在巴布亚新几内亚首次找到明确证明人类种植的证据）以及其他水果种类跟它们的现代变种并没有太多共同之处。古时的水果体形更小、种子更多，很有可能口味也非常陌生。其他水果还包括凤梨、番木瓜、西番莲（又称鸡蛋果）、星苹果、番石榴、桃果椰子、菜椰（俗称巴西莓）和可可，这些还只是最常见的水果种类。

尽管热带地区水果资源丰富，但由于某些地区的农业传统与欧洲和中东（以及受它们影响的）地区存在差异，因此在这些地区"果园"这个概念的发展还是很快遇到了瓶颈。

当西班牙和葡萄牙派出的征服者兵团来到中美洲时，阿兹特克文

果园小史

明著名的皇家花园令他们大开眼界。花园里有数不胜数的观赏植物、芳香植物和药用植物，并有大量工人照看。这些花园通常坐落在丘陵或群山中，离山泉和洞穴很近。现代学者向世人揭露了这些花园的诸多象征意义以及阿兹特克人普遍深受神话影响的世界观。与生活中的诸多方面一样，植物也与神明联系在一起，甚至能代理行使神的职责。扁轴木（*Parkinsonia aculeata*）就是一个很好的例子，这是一种多刺灌木，叶片细长，像羽毛一样。跟这种植物联系在一起的是羽蛇神——一条有羽毛的大蛇神明，是阿兹特克人崇奉的最重要的神祇之一。巫医会使用阿兹特克花园中的大部分植物。不过，在这里找不到主要粮食作物，因为粮食是下层阶级敬献给统治者的贡品。16世纪西班牙神父兼学者弗朗西斯科·塞万提斯·德·萨拉萨尔在他的《新西班牙纪事》中这样描述"蒙提祖玛皇帝娱乐消遣的花园"：

> 在这片种满鲜花的园地里，蒙提祖玛不允许任何蔬菜或水果出现，因为他认为种植实用性植物或是从乐园中谋利不符合国王高贵的做派。他还说菜园和果园只适合奴隶和商人。其实他名下也有蔬果园，只是地处偏僻，他也几乎从不踏足。

但迹象表明，与世界其他地区一样，这里确实存在过融合了实用性植物和装饰性植物的花园。从西班牙征服者埃尔南·科尔特斯献给查理五世国王的报告中我们可以大致了解这类花园的情况。《墨西哥来信》（1519）一书中收录了这份报告，其中描述了位于瓦兹特佩克的植物园：

> 这是我所见过最精美、最怡人、最庞大的植物园，周长达到两里格，一条非常美丽的小溪从花园一头流到另一头，两边是高高的河岸……园内有住所、凉亭和令人神清气爽的花园，还有无数各种各样的果树，以及很多香草和芬芳的花朵。整片果园的壮丽和精致令人不禁满心赞叹。

瓦兹特佩克人信奉代表多产、生殖、舞蹈和歌唱的神明。玛雅人至少从公元前2600年起就定居在中美洲了，对于像他们那样生活在丛林里的人来说，在聚落附近栽种果树是一件非常简单的事。只要找到自己特别爱吃的果子，把结出这种果子的树连根拔起，再种到家旁边就行了。玛雅人把蛇桑（又称玛雅坚果树）的种子磨成粉来制作圆饼，还用多香果树的果实为饭食调味，又用印度榕黏糊糊的树脂做成球玩。他们把吉贝树当作代表世界结构的圣树，认为树根连接着地下世界，而众神则坐在树冠上。至今，还能在危地马拉北部的蒂卡尔古城遗址附近发现这几种树。公元900年左右，蒂卡尔人遇到了一

场似乎永无止境的干旱，被迫背井离乡。诚然，并非上述提到的所有树的果实都完美符合我们目前对"水果"的定义，但依然可以问出那个本书中反复出现的问题：这些树究竟是人类种植在花园里的，还是野生的？

亚马孙地区（尤其是乡村地区）是十几种棕榈树的发源地，直到今天人们依然在食用这些树的果实。美国博物学家赫伯特·史密斯曾在19世纪70年代游历巴西，他这样描述那些令他难忘的植物：

> 森林从水面直直升起，好似一堵墙——稠密、幽暗、坚不可摧，形成高达100英尺的壮丽树林。这座高耸的树墙中散布着几千棵张牙舞爪的棕榈树。在这儿，棕榈树才是当之无愧的主角，整个地球上没有其他任何一个地方的棕榈树像这样辉煌夺目。

阿尔弗雷德·拉塞尔·华莱士是与达尔文同时期的学者，独立研究进化论，他曾为棕榈树专门写过一本书，标题非常贴切，叫作《亚马孙的棕榈树及其用途》。他为每个棕榈树品种配上严谨细致的插图，解释了树木的不同部位有哪些用途，还描述了果实的颜色和味道，并不是每一种树的果实都可以食用。

早期定居者或许在两万年前抵达该地区，由于海量的水仍然凝结在大块浮冰中，当时的海平面远比今天要低。约5 000年前，巴西海岸的水平面首次到达现在的高度，因此海岸和河岸这种水域附近的陆地在历史上都经历过洪涝。当人们离开曾经生活的故土时，他们留下了种在家附近的坚果树和果树。从某种意义上来说，这些植物继续扮演着"指纹"的角色，提供了关于人类早期聚落特征的信息。这些植物形成的生物炭为一度贫瘠的土壤注入养分，形成印第安黑土，又称亚马孙黑土，以这种方式存世。科学家已经指认菜椰（*Euterpe olearacea*）、星果椰子（*Astrocaryum vulgare*）和湿地棕（*Mauritia flexuosa*，果子特有的菱形图案非常讨喜）这三个品种为亚马孙黑土的可靠指标。其他品种的棕榈树以能够经受住古时刀耕火种的农耕方式而闻名。

"亚马孙丛林很多地方显得'原始'，但那其实是古老的再生植被，或者是森林内的镶嵌组合果树群落。"美国地理学家奈杰尔·史密斯解释道。新迈考古调查显示，早在4 000年前，亚马孙地区的人就会

焚烧竹林来促进棕榈树、雪松和巴西栗树的生长，这绝对是有利于环境保护的可持续性做法。其他研究表明，亚马孙土著在2 000年间驯化了香蕉树。

安第斯山脉中段也出土了很多哥伦布发现美洲大陆前当地众多植物、树木和水果存在的证据，最突出的便是来自莫切文明的陶器。研究人员相信，当地人种植辣椒、玉米、花生、土豆、南瓜和番薯。灌溉系统的存在表明当时农业已经高度发达，也出土了锄头和挖掘棒等农具。人们或许也曾从野外采摘水果，如牛油果、番石榴、番木瓜和凤梨等。

如今，土著人民的生活方式遭受了巨大压力。传统上，印第安部落会打理镶嵌式小花园，也会照料时常经过的丛林小径两旁的小片树林。这些小块土地为他们提供赶路和打猎途中所需的食物。人们长期以来有一个迷思，认为居住在丛林和热带草原间过渡地带的土著仅靠打猎和采集为生，并不会种植庄稼。这个误会在近几十年里才消除。

17世纪，有人在巴西进行了一场别致的园艺实验。荷兰陆军元帅兼总督约翰·毛里茨（或约翰·莫里斯，拿骚-锡根亲王，1604—1679）在安东尼奥瓦兹岛上建造了一座大型热带花园，意在复刻一个能够展现地球自然历史的微观世界。花园选址毗邻毛里求斯城——荷兰人在1630年占领巴西后建立的"理想城市"。花园结构体现出殖民者试图用几何图形建立秩序，毕竟在他们看来，此地自由生长的植物群显得杂乱无章。

花园中最引人注目的是由异域植物形成的林荫道，其中就包括椰子树。1560年，椰子树第一次被带到巴西东北部，很快就适应了新家。荷兰人文主义学者卡斯帕·巴莱乌斯记录下人们将完全成熟的椰子树移植到花园中的壮观场面：

> 伯爵下令从三四英里外找来这些树，聪明地将它们连根拔起，用四轮车运到岛上，再用浮舟将它们运到河对岸。友好的土壤张开怀抱迎接新植物。这样的移植不仅需要人力，还需要智慧。或许这些年老的树木也被感染，展现出惊人的繁殖能力，所有人都没料到，仅仅在移栽一年后，它们就迅速结出大量果实。有句古老的谚语说，"老树挪死"，但这些树都有七八十年树龄，彻底打破了这句话的可信度。

花园中有一个四方形的柑橘果园，还有另外一个以石榴树和葡萄藤为主的果园。园中也不乏本土植物。另一个亮点是一个"种有香蕉树的花园"。葡萄牙人刚将香蕉树从几内亚引入南美洲，当地称这些树为"印度无花果树"。直到今天，在西印度群岛上，常见的小果大蕉依然被称作"无花果"。毛里茨邀请欧洲科学家来参观他的花园。巴莱乌斯记录下人们在其他方面对花园产生的印象：

在椰子种植园外面，有一块专门为252棵橙树保留的土地，再加上已有的600棵，优雅地排在一起，形成一道树篱，颜色、味道和果实的香气能满足各类感官，令人非常愉快。

灌溉渠在花园里纵横交错，园内还散布着星星点点的鱼塘和家禽窝圈，饲养了各种各样的动物，包括野猪和无数只兔子。很难想象这些迥然不同的元素如何组合成一个和谐的整体，但显然它们是真实存在的。假如我们相信老朋友巴莱乌斯的话，这座花园便是人间天堂，并且一年四季之中都维持着令人称道的魅力：

上述这些树的特点就是，一年之中从头到尾，都能看到它们的花、成熟的果子和绿叶一起出现，就好像同一棵树的不同部分在同一时间向你展示儿童期、青春期和成年期一样。

离开巴西，来到地球另一端的斯里兰卡（古称"锡兰"）。在这个几乎一度被雨林完整覆盖的岛国上存在着一种既神奇又有效的热带果树管理模式，并一直沿用到今天。这种当地最常见的农业模式叫作格瓦塔（gewattas[1]），意味着在花园里混杂各式各样的果树、草本植物和蔬菜。直到最近几十年，科学家才开始深入研究格瓦塔内的生态。奥地利生物学家卡琳·霍赫格就是一名研究格瓦塔的专家。当她在1998年将研究成果汇编成《森林耕种法》出版时，斯里兰卡岛国上超过八

1
锡兰人使用的僧伽罗语，表示"家庭花园"。

分之一的土地都是格瓦塔。

霍赫格博士的书深入研究了158座花园。她在这些花园中共辨认出206个不同种类的树木。每个花园的平均占地面积为56 500平方英尺（5 250平方米），且花园内平均拥有50多种不同植物。多个物种的鸟类、小型哺乳动物、蝴蝶及其他昆虫在园中安家。小径在植物中蜿蜒穿梭。一般来说，距主建筑较远处会有一口水井，井壁上长着蕨类植物，据说能保持水质干净。

由于花园之间没有篱笆隔开，访客很难区分一户人家的土地在哪里结束，而另一户人家的花园又从哪里开始。果树和沿着矮小的毒鼠豆树（*Gliricidia sepium*）攀爬的胡椒藤蔓（*Piper nigrum*）属于珍稀作物，一般会种在家附近。因此，这些植物通常不会像其他类似树篱的灌木丛那样起到划分田产界线的作用。

格瓦塔在斯里兰卡岛中央的古都康提附近尤为常见，且一般位于海拔300~900英尺（90~275米）之间的地方。它们给来自德国的进化论学者恩斯特·黑克尔留下了难以磨灭的印象。黑克尔于1881年11月来到岛上，停留了四个月。他写道：

锡兰中等海拔山坡上的这些园地有非常美妙的效果，它们的角色介于花园和森林之间，衔接了人类文明和大自然。有时人们会觉得自己置身于美丽的森林之中，周围环绕着高大壮丽的树木，上面爬满了各种各样的攀缘植物。直到你看见一座掩

——
上图
今天一座典型的
斯里兰卡格瓦塔
花园。

映在面包树下的小木屋，或遇到嬉戏的孩童，才会醒悟自己其实身处一座锡兰花园之中。在这些森林般的花园里，人类的痕迹也体现出一种独特的自然与文明的和谐。

　　早期，人类居所并不像现在这样遍布全岛。过去的人更有理由害怕野兽袭击，所以他们彼此住得很近来保护自己。格瓦塔内的树种也随着时间流逝发生了很大变化，既体现了主人的需求，又增添了殖民者和商人带来的新物种。在霍赫格看来，格瓦塔从最开始就处于不断变化之中：

超过2 000年的农耕活动筛选出许多实用树种、灌木和草本植物，可以种在离人类住处更近的地方。我们可以推测，早期定居者和农民从森林里采集水果、坚果和树脂。事实上，大部分植物或许是在种子被当作厨余垃圾丢掉后自行发芽的。假如家附近长出一株新植物，人们或许会好奇地观察一阵，最后才能认出到底是什么树。邻居之间或许会交换有用的品种，商人也带来新品种，在经过无数次试错后，格瓦塔缓慢进化成今天这样物种丰富、实用性强的花园。

　　波罗蜜（*Artocarpus heterophyllus*）是格瓦塔中的一种常见植物。波罗蜜的果核形状像豆子，成熟时会散发出刺鼻的味道，但可以食用。由于果核淀粉含量高，可以拿来替代大米。波罗蜜树需要很多空间，和高大的椰子树一起组成了花园内的"上层"。椰子需要12～14个月才能成熟，但一棵完全成熟的椰子树一年能产出50～80颗椰子。在椰子树和波罗蜜树下方是杧果树。杧果起源于印度次大陆，可以从种子种起，有很多品种，果实可能是绿色、黄色或红色，形状也各不相同。橙树和柠檬树也非常流行，不光因为果实，还因为人们相信这两种树可以驱虫。

　　格瓦塔中还经常出现番石榴、牛油果、面包树、槟榔树、香蕉树和番木瓜。番木瓜看似是树，实则为草本植物，是16世纪由葡萄牙人、荷兰人和英国人带上岛的物种之一。木橘（*Aegle marmelos*）又叫作印度枳，果实呈椭圆形，香气浓郁，约11个月才能成熟，需要用榔头或砍刀敲开。黏滑的果肉闻起来有点像杧果或香蕉，吃起来常常让人联想到柑橘果酱或融化的冰激凌。木橘果肉通常会被加工成饮品。

树木、灌木、藤本植物和林下草本植物看似一团混乱，实则各有其位、各司其职，形成了一个共生系统。一年四季，花园内永远欣欣向荣，人类所要做的就是接受发生的一切，以"自由生长"和"顺其自然"为主要原则。换句话说，园丁与其试图征服荒野或与所谓的"杂草"搏斗，还不如放任自流，坚信整体的每一个部分之所以存在都有其理由。尽管格瓦塔大部分都无人照料，但依然产量惊人，尤其是除了水果之外，还能收获木柴和调味料等衍生品。在很多情况下，格瓦塔内植物的叶、根、种子或其他部位都是阿育吠陀传统医学中的常见药材。当我想到这些花园时，便会想起我的朋友——斯里兰卡佩勒代尼耶大学社会学教授阿贝拉特纳·拉特纳亚克所说的话。在他看来，食物等同于药。

你或许以为人们会花很多时间在格瓦塔内，但其实很难在花园里遇到旁人。他们只有摘果子、草药或需要木柴的时候才会进来。有时他们会任由落叶或落花在干净的小径上慢慢变干。花园内鲜少出现家畜，因为大部分农民都是佛教徒，不会食用肉类或畜禽产品。

约翰·戴维是一名英国军医，也是著名化学家汉弗莱·戴维爵士的弟弟。他很犹豫究竟要不要称呼格瓦塔为"花园"，更别提将之归类为果园了。在1821年出版的《深入考察锡兰及当地人民》一书中，他

写道:

　　对僧伽罗人来说，园艺并不是一门艺术。他们在家附近种植不同种类的棕榈树和果树，也在神庙四周栽下开花灌木；有时他们会在地里种点薯蓣、番薯和洋葱之类的蔬菜。但整个国家没有一处地方符合我们所说的"花园"的概念。

外人很难想象斯里兰卡人在这些野生花园里究竟思索着什么。岛上长大的作家迈克尔·翁达杰在自传中深情追忆了一棵莽吉柿树（又称山竹），说自己"孩提时代基本上就住在树里"。他还回忆起自家厨房边的一棵大鱼尾葵：

> [那棵树]非常高大，结小黄果，很招臭鼬喜欢。每周臭鼬会爬上树顶一次，整个上午都在那里大饱口福，下来后已经醉得飘飘然，摇摇晃晃地走过草地，要么拔起野花，要么登堂入室，把我们放餐具和餐巾的抽屉翻个底朝天。

这些东南亚花园内的植物组成与周边森林中的非常类似。随着森林逐渐消失，花园就越来越成为当地物种的庇护所。人们很容易认为格瓦塔是在致敬"古人的做事方式"，但换个角度就会发现这种农耕形式非常具有前瞻性。假如我们在21世纪追求的目标是将农耕和果树种植过程中对环境造成的负面影响最小化，那么没有比格瓦塔更合适的方案了。

从斯里兰卡乘飞机向东飞行四小时，会来到位于湄公河三角洲内的越南泰山岛。这里数不胜数的果园造就了无与伦比的水果天堂，这个天堂里的出行方式是乘船。泰山岛上青翠欲滴的果园里一年四季都有新鲜水果，已经成为游客喜爱的景点。水果种类包括番木瓜、橙子、波罗蜜、杧果、榴梿、香蕉、凤梨、椰子，甚至还有苹果和李子。有人在观察后表示，就连当地鱼类都习惯了以水果为饲料。

关于热带地区水果种植还有一桩罕见的趣事，发生在印尼爪哇岛上。那里的人训练体形小巧的豚尾猕猴（*Macacus nemestrinus*，又叫猪尾猴）帮他们摘椰子。在《婆罗洲的博物学家》（1916）一书中，罗伯特·W. C. 谢尔福德描述了这个别开生面的场景，让人不禁想起埃及也有帮忙采摘水果的猴子：

> 人们用一根细绳拴住猴子的腰，把猴子带到椰子树前，它就一溜烟爬上树，抓住一颗椰子。假如主人判断椰子熟了，可以采摘，就对猴子大吼一声，猴子便抱住椰子一圈圈拧，直到椰子柄断开，然后将果子抛到地上。假如猴子抱住的是没熟透的椰子，主人就拉拉绳子，它便会换一颗。我见过一个摘水果效率非常高的布洛克（Brok，当地人对猕猴的叫法），它身上甚至没有绳子，仅仅通过主人的语气和音调就知道该做什么。

既然已经聊到这个话题，咱们干脆说说椰子，顺便也提一下结出椰子的棕榈树。椰子壳非常防水，甚至能防海水，浪花很容易将漂浮的椰子带到海的另一边，因此难以确定太平洋究竟哪一处海岸最先开始种植椰子。就连它们究竟是否起源于美洲这个简单的问题都让科学家激烈地争论了一个世纪。现在，学者们相信是西班牙人（首先将它们带到波多黎各）和葡萄牙人（把它们带到巴西）将它们带到新世界的，而东南亚才是它们的老家。早在150年前，市场上就需要大量椰子油作为制作肥皂的原料，也需要棕榈树种植园（勉强可以算作"果园"）来满足这些需求。

78455
Crab. (wild
J. Walter Basye
Bowling Green.
Mo.

M. Strange.
11 _ 10 _ 14
12 _ 15 _ 14

第十四章

果树学绅士

16世纪，植物学界的先驱开始将植物分类为科和种，为编纂出记录和研究植物的百科全书奠定了基础。我们很幸运，因为他们与当时的艺术家密切合作，为这些植物及其果实绘制了无数画像。这些图片代表了植物图鉴的巅峰。随着画像细节越来越精确、画风越来越漂亮，我们也可以体会到植物分类在多国引发的热忱。

果树学指的是果树种植这门科学，在19世纪初期正式成为一门学科，也为人们研究不同种类的水果提供了新的角度。有趣的是，这门新兴的系统性学科实则源远流长，尽管"果树学家"是新

造出来的词，却会令人立刻联想到一系列历史人物。这一长串果树学老祖宗名单从泰奥弗拉斯特到理查德·哈里斯（16世纪成立了英国第一家商业苗圃），再到托马斯·安德鲁·奈特（1759—1838年，伦敦园艺学会主席），源源不绝。奈特秉持当时流行的理论，认为所有果树品种的寿命都是预先设定好的，当末日来临时它们便会衰败、死亡。这个理念自然是错误的，却促使人们以当时最先进的科技手段研发出不少新品种樱桃（包括"黑鹰"、"埃尔顿"和"滑铁卢"）、苹果、梨、李子及其他水果，以确保未来可以继续吃到这些水果。奈特最广为人知的著作《赫里福德果树》出版于1811年。

从那时起，果树学正式成为植物学的一个分科。18世纪末和19

世纪初，果树品种杂乱无章，努力从中建立秩序的人大部分并非全职科学家，而是牧师、医生、药剂师和老师。他们采集样本、绘制图鉴，还互相比对研究成果。平版印刷术问世后（且很快就实现了彩色印刷），人们可以花相对较少的成本来复制水果图片。《大英水果百科；又名，本国当下最佳水果集锦》乘着这项新科技的东风，在1812年顺利发行第一版。乔治·布鲁克肖（1751—1823）身兼此书的撰稿人和刻版师。布鲁克肖书中的插图令人惊叹不已，呈现了当时英国果园中共15类水果的256个不同品种。这些图画栩栩如生，即便今天看到，也会令人口舌生津。在此后数十年里，众多其他作家也出版了关于水果的重要著作，包括伦敦期刊《园艺学报》的编辑罗伯特·霍格（1818—1897），他的《水果手册》（1860）曾多次再版。也是在这一时期，英国果树协会正式成立，宗旨是：

> 在大英领土内宣扬水果文化，尤其是引导人们发明新品
> 种；调查并汇报各种水果的优缺点，并努力将大英帝国、欧洲
> 大陆和美洲的水果进行分类。

为什么水果分类在一开始就如此错综复杂？尽管从中世纪开始果农已经掌握嫁接技术，但他们没有一直循规蹈矩。需要新树时，有些人会直接挑选自然发芽的苹果、梨、樱桃或李子树苗。假如他们对最终结果感到满意，就会在下一次嫁接时使用这些树作为砧木。想象一

下在不同地区，类似的事情一再发生，便不难理解为什么会出现那么多存在差别的不同品种。这些区域性品种大部分从未收录在果树学纲要中。

法国和德国是果树学最发达的国家，而北美洲直到19世纪中期才出现针对水果品种的深入研究。在很长一段时间里，新品种的出现多少要仰仗天意，直到20世纪才出现定向水果培植，即蓄意将父本植株的花粉传到母株的柱头上。

关于水果品种的研究有时会跑偏，出现令人瞠目结舌的后果。牧师兼果树学家约翰·格奥尔格·康拉德·奥伯迪克（1794—1880）住在德国下萨克森州，他声称自己成功嫁接出一棵能结300种苹果的树。很显然奥伯迪克就爱剑走偏锋，除了这棵"科学怪人"式苹果树外，他还吹嘘说自己收集了4 000种不同果树。有一种苹果以他的名字命名，叫作"奥伯迪克王后"苹果。

在不列颠群岛上，像奥伯迪克这样冲动地将不同品种水果塞到一棵树上所形成的怪诞产物被叫作"亲情树"。提到这种哗众取宠的果树学把戏，人们首先会想到莱昂纳德·马斯科尔，他是坎特伯雷大主教的抄写员。1575年，他为那些"想把多种苹果嫁接到一棵树上"的人提供了一些建议。马斯科尔向读者保证："你可以在一棵苹果树上同时嫁接多个苹果品种，每根分枝上放一个品种。梨子同样适用。"与此同时，他也警告读者："但你们得尽可能小心，确保所有的接穗品质相近，否则会有树生长过快，挡住其他树。"

右页图
不同品种的无花果（"白汉诺威"、"白马赛"、"褐那不勒斯"或"褐意大利"、紫无花果、"绿伊斯基亚"、"不伦瑞克"），1812年。

卡尔·萨穆埃尔·霍伊斯勒（1787—1853）是德国第一个用苹果做出气泡酒的人，因此名留青史。他对于果园的布局有非常具体的看法，例如该如何排列不同种类的果树。他认为，这些树绝不能"近距离交替种植，如果完全混在一起就更糟糕了"。他的理由是，树"跟人一样，家人是最爱你的，也为你提供茁壮成长的空间。因此一块地应该只种苹果，而另一块地只种梨，以此类推"。霍伊斯勒从来没有为他的主张提供站得住脚的解释，这也不令人意外。不过，他毫不掩饰自己对于法国人将果树树冠修成各种形状这一行为的厌恶。他还提到法国正在流行戴假发，抱怨说：

> 因此树自然也要戴假发，而且几百年来我们已经慢慢习惯这种方式，以至于现在都认为这是必须的，并且一直沿用到今天，完全不顾实践中展现出的弊端。

常见果树疾病的治疗方法是另一个激发果树学家竞相思考的领域。托马斯·斯基普·迪奥特·巴克纳尔在《果园主；又名，通过密切修剪及药物治疗建立果树科学》（伦敦，1797）一书中推荐了一系列治疗方案，如使用腐蚀性升汞作为防腐剂和防霉剂、使用杜松子酒作为杀菌剂和溶剂，以及使用沥青作为抗菌性伤口愈合剂。当美国哲学协会悬赏60美元寻找治疗桃树溃疡病的方法时，巴克纳尔立刻将自己的书寄去"大西洋另一端"，并欣慰地表示"假如我的理念能促进美国水果文化发展，我就很开心了"。威廉·索尔兹伯里1816年在伦敦出版了《分享给果园主及广大果树种植者的秘诀》，书中提出的一些建议可视作早期回收利用工业废物的案例：

> 可以获取多种有效肥料，如制糖垃圾、制皂余料等等；还有小公牛血、动物毛、海豹皮碎屑、骨粉以及生产马车用润滑油产生的废料。

科尔宾安·艾格纳（1885—1966）当之无愧是20世纪最伟大的果农之一。这位来自巴伐利亚地区的牧师兢兢业业地履行神职、服务教众，除此之外，全身心投入水果研究和栽培中，对苹果尤其感兴趣。他认为果树种植乃"农业之诗"。

艾格纳是纳粹党当局的眼中钉。作为一名有操守的保守派，他政治上支持反纳粹的巴伐利亚人民党，不管自己置身于锡滕巴赫小镇教堂的布道坛上还是在别处，经常抓住机会警告民众法西斯主义的危害性。他违抗官方命令，拒绝悬挂纳粹旗，也因为各种各样的事情让掌权者对他越来越不满。1939年终于发生了戏剧化转折，当时艾格纳作为教区深受爱戴的领袖，在附近一所学校教授宗教课，发表了批判纳粹的言论，被一名老师检举揭发。他因此被捕，从而开始辗转于一系列监狱和集中营之间。

1941年，一群批判政府的神职人员被转移到位于达豪的集中营，

其中就有艾格纳。他被分派到当地一家研究药用植物的机构中强制劳动。在此期间，他悄悄用之前收集的种子来培育苹果，实现了旁人眼中不可思议的功绩。艾格纳以KZ-1到KZ-4为这些新品种命名，KZ就是德语中"集中营"一词（Konzentrationslager）的缩写，体现出他正身陷囹圄。其中，他对KZ-3最为满意，这个品种的苹果适合直接吃，也适合加工。有人帮艾格纳将一批KZ-3树苗走私出集中营。后来，人们将KZ-3重新命名为"科尔宾安"。在纳粹党卫军撤离该集中营后，一万名营众被迫开始了严酷的长途跋涉，徒步往南方走。据说，他们此行的目的地是位于奥地利厄茨山谷的一处阿尔卑斯要塞，很多人在途中就去世了。好在艾格纳比较幸运，他设法逃离队伍并藏到一座修道院中，因此躲过一劫。

他对果园和园艺的热爱一直持续到生命终结，也为他赢得了无数荣誉。显然，他几乎闭口不提自己在集中营中度过的岁月。

今天，我们对艾格纳的作品颇为熟悉，是因为他创作了无数关于他所研究的多种苹果和梨的彩色插图，就画在随处可见的硬纸板上。

上图
前排右二为科尔宾安·艾格纳，周围是他的神学院同学，约1910年。

对他来说，这些插图只是帮助他维持大局观的参考资料，能确保他准确辨认不同品种的苹果。

侧视图能提供第一个关键辨认信息。这个水果是扁平、球状、半球状、压平球状、圆形、圆锥形、椭圆锥形、截顶锥形、圆柱形、蛋形、钟形、榅桲形，还是跟香柠檬独特的形状一样？辨认身份的下一步是观察水果底部的凹陷形状，花萼的残留物在这里形成一个芽眼。最后一点也同样重要，果子的柄和周围一圈凹陷能提供珍贵的线索。不过，除此之外，其他因素也能影响单个果实的外形，让甄别变得更难。标准大小的树上结出的果子跟靠墙生长的篱架式整枝树结出的果子看起来不太一样。海拔高度和土壤也有所影响。当然，同一棵树也不会长出两枚一模一样的苹果或梨，而且在它们逐渐成熟的过程中，每一周外形都会变化。

第二次世界大战结束后，艾格纳几乎成了一个传奇，被人们称为"苹果牧师"。他绘制的插图组成了世界上最全面的苹果和梨子图集之一，或许连他自己都从来没有意识到这一点。总之，他为巴伐利亚小镇唯森（如今以出产小麦啤酒闻名）的果树种植机构留下了近1 000幅水果插图。至今，专家都认为这些插图是水果分类的宝贵工具。我们还得知，在艾格纳的人生走到尽头后，他身穿被囚禁在集中营时穿过的破外套下葬。"科尔宾安"苹果的口味达到了巧妙的酸甜平衡，直到今天依然有人种植。

尽管艾格纳的苹果培育事业取得成功，但其他新品种问世时总

会遭到一些质疑。今天我们会想当然地以为果农培育某些品种的初衷是为了得到好看且保存期限更久的品种，而非追求有趣的口味，这也可以理解。但其实新品种背后的故事值得深究，或许香味存在细微差别，又或许形状不够完美。在自己的果园里，我们可以采摘熟得恰到好处的果子。就算它们的斑点和虫孔会打破我们对美果无瑕的期待，但这依然是它们最香甜浓郁的时候。

在水果领域，亨利·戴维·梭罗对专家和科学家持怀疑态度。"我对果树学绅士精挑细选的名单没什么信心。"他写道。自然，对于这些人青睐且精心培育的水果，他也给出了尖刻评价："我对它们没什么兴趣，吃起来没有浓烈的果香，甚至一点滋味都没有。"反之，最不高雅的水果反而能激起他诗意的幻想。脑海中浮现出古罗马的水果女神和果园时，他写道："我在路上捡了一个粗糙的苹果，香味可以媲美波摩娜的全副身家。"

梭罗一年四季都酷爱徒步旅行，非常熟悉野生水果和种植水果的界限，能找到"没有嫁接果树存在的古老苹果园"。即便这些野果已经过了最佳食用期限，他也非常了解它们口味和香气上的细微差别。隆冬时节，他会在各处发现被遗忘的水果并觉得似乎值得一尝。

> 让霜冻先将它们冻得跟石头一样硬邦邦，接着它们会在一场雨后或是一个温暖的冬日解冻，这时它们已经通过悬挂之处四周的空气吸收到天堂的味道。

梭罗可以捕捉到大部分人不以为意的微小特征。对他来说，一株野苹果树就像一个野孩子，还不是随便哪一个孩子，"或许是乔装打扮的王子"。在他声称"只有口味未经开化或野蛮的人才会懂得欣赏一枚野果"时，我们可以清楚地读出他的偏好。他还建议就在野果生长的地方原地品尝：

> 我常常会摘到味道非常浓郁、呛人的野苹果，令我不能理解为什么果农还没有争相跑来取那棵树的接穗，假如我不装上满满一口袋带回家就太亏了。但是偶尔，当我坐在自己房间的桌前拿出一枚品尝时，会发现它的口味令人难以置信地粗粝，并且酸味之浓烈，能令松鼠牙齿发颤、松鸡发出尖叫。

第十五章

果园带来的感官体验

来吧，一起欣赏日落吧

并在暮光中走过苍翠果园。

——赖纳·马利亚·里尔克，《苹果园》

　　跟花朵一样，水果的颜色和形状千奇百怪，能给我们的想象力插上全新的翅膀。米兰画家朱塞佩·阿尔钦博托（1526—1593）利用水果的这些特点独创了以水果为主角的艺术实验——他不满足于简单的人物肖像画，而是用水果和不同植物部分组合来创作虚构人像。对于这些"水果人脸"的艺术感染力或许众说纷纭，但这些画的确体现出无与伦比的巧思。

　　我在之前的章节中提到了中国古代巧夺天工的园林以及十竹斋出品的柑橘版画。事实上，中国的水果绘画水平一度登峰造极，单独形成了一种艺术形式。西方看客或许很难区分出中国人所熟悉的杏、桃、李，至少光凭描述难以做到，因为有些品种与桃和李同时存在亲缘关系，但英国博物学家托马斯·穆费特（1553—1604，也是著名的昆虫学家）就这个话题分享过心得，他曾说"杏子就是披着桃子外衣的李子"。在面临这些水果带来的困惑时，谁又能反驳他呢？

1231年，宋伯仁编绘了《梅花喜神谱》。这套画谱的主角是梅（Prunus mume）。宋伯仁通过100幅水墨画捕捉到梅花从蓓蕾初具到最后一片花瓣也凋零散落的全过程。每幅画都辅以一首诗，表现画中的意境。黑色笔墨并不写实，因为旨在展现植物之神韵而非记录所有细节。

尽管画家会在绘制水果时陷入沉思，本身已经是可贵的体验，但创作过程还能引发更深层的审视，呈现出水果的外表给画家带来的情感影响。重要的是停下一切，仔细观察，并将由此引发的联想表现出来。假如我们转而审视内心，分析自己与果园的联系，那么我们想象中的画面会化为怎样的艺术表达呢？相较果树学绅士们那些精准的插图，一定更加饱含深情吧。说不定更贴合薇塔·萨克维尔-韦斯特的文字所传达的意境：

> 有些植物学家认为桃金娘和石榴有亲缘关系。我不是植物学家，但我会不由自主地想到自己在波斯时曾睡在栽满桃金娘和石榴树的果园里。

19世纪末期到20世纪早期的众多艺术作品栩栩如生地展现了果树和果园，因此，将这段时间称作"果园的黄金时代"并不算牵强。这些画中大多表现的是丰收时节的景象，但也有一些令人难忘的例外。对于卡米耶·毕沙罗和约金·索罗拉这样的印象派画家来说，沐浴在夏日阳光和花香中的花园及果园与现代化需求形成了令人愉快的反差。这时的果园是庇护所，是促人深省的地方，能让满足人们各类感官享受的美梦成真。

少有画家能像英国画家玛格丽特·温妮弗雷德·塔兰特（1888—1959）那样展现出传统浪漫果园中如梦如幻般的美。翻看她创作的《果园仙女》和《野果仙女》等插图精美的小书会产生神奇效果，让

你相信果园里真的住着无数小精灵，它们半人半蝶，最爱做的事情就是在硕果累累的枝头追逐嬉戏，并摘下熟透的果子。

塔兰特的作品引诱我们进入一个虚幻的世界，但也有一些关于果园的作品是写实的，能够促进社会热门议题的发展。1893年举办的哥伦布纪念博览会（又叫芝加哥世界博览会）上，就出现了一幅杰出的写实派果园画作，正是玛丽·卡萨特在妇女大楼主展厅内绘制的大型壁画。可惜的是，这幅画没能经受住时间的蹂躏，仅留下一张不甚完美的照片。这组三联画的中幅展示的是10名成年女性和小女孩采摘不同水果的画面，名为《妙龄女子采撷知识之果》。

一座面临现代化发展威胁的油橄榄园所蕴含的特色和古老的气息打动了法国画家皮埃尔-奥古斯特·雷诺阿（1841—1919）。1907年，他买下包括这座油橄榄园在内的小片土地。"小丘农舍"（法语名"Les Collettes"，意思是有很多小山的地方）坐落于蔚蓝海岸，离尼斯不远。这座老式农舍还保留着饱经风霜的绿色活动护窗和陶瓦屋顶，四周环绕着风景如画的葡萄园和橙树，当然还有油橄榄园。148棵油橄榄树呈半月形散开，分布在一片梯田似的草地上，不会形成太多树荫。这样一来，其他植物就能获得茁壮成长所需的阳光和空间。你会在此地看到蔷薇、康乃馨和叶子花，当然也少不了香气袭人的薰衣草。整个地区以薰衣草闻名，农舍内的薰衣草更是来自20英里（30千米）之外的薰衣草田，那里专为格拉斯著名的香水工厂提供原料。在农舍入口处站着一株草莓树（*Arbutus unedo*），尽管秋季结出的果子

——
右页图
文森特·凡·高于1889年和1890年在法国南部创作了众多以油橄榄园为主题的画作，这是其中两幅。

确实很像草莓，但味道相差甚远。不过，这棵树并不是小丘农舍里唯一一棵让人上当受骗的植物。花园里还有一棵茄树，由于能结出椭圆形的红色果实而被叫作"番茄树"。雷诺阿的儿子让回忆道，农舍里另外一棵树能同时结出柠檬和橙子，也曾让他大吃一惊。

　　雷诺阿家的农场里有温室和防冻苗床，所以一年四季都能养花种菜，并培育秧苗和树苗。他们会晾干葡萄和杏子，但常常将柠檬、橙子和橘子留在树上过冬。最终，就连柠檬也会生出一些甜味。雷诺阿的夫人艾琳·沙利戈在香槟和勃艮第地区之间的葡萄园里长大，由她

右图
图中的恋人似乎置身于果园中，皮埃尔－奥古斯特·雷诺阿创作于1875年。

负责打理农舍的葡萄。由于酿出的葡萄酒品质平平，他们一般更喜欢直接吃新鲜葡萄。

雷诺阿的工作间是一座依偎在油橄榄树林中的小屋，有金属瓦楞屋顶和两扇相对的大窗户。他用棉窗帘将透进屋内的阳光调整到最佳亮度。悦耳的蝉鸣从不间断，一定是他工作时的背景音。向窗外望去，能看到中世纪村庄卡涅高地村错落分布在陡峭的山坡上。整个地方似乎有取之不尽的灵感源泉。

很显然，雷诺阿对油橄榄树的躯干格外痴迷。在历经了几个世纪的风暴和干旱后，这些树干佝形偻状。他会命人移除枯枝，除此之外放任油橄榄树肆意生长，并欣赏它们形成的奇观。那些树逐渐看起来像一条凝结的岩浆河，空洞处非常适合香雪球这样甜美的小花扎根落户。描画这些树干很有难度，即便对雷诺阿来说也非易事：

> 油橄榄树，真棘手。你们简直无法想象它给我带来了多少麻烦。一棵树上有各种各样的颜色。实在不妙。那些小小的叶片让我坐立难安！一阵风吹过，整棵树的色调就变了。色彩不体现在树叶上，而取决于叶片的缝隙。

冬天来临，妇女和女孩们在树下摊开床单，用长棍将成熟的黑色油橄榄从枝头敲落。有时她们也会在繁花盛开的草坪上仿照模特摆姿势，油橄榄树成为她们身后朦胧的背景。人们将收获的油橄榄带去村中的榨油坊。雷诺阿永远无法抗拒将头道橄榄油倒在温热的吐司上，再撒点盐。据说他只要尝一口就能分辨出是不是自家产的橄榄油。

　　偶尔雷诺阿也会挑选一个苹果或橙子，画成小幅写生。其他印象派画家同样被水果蕴含的悠远意境所吸引。保罗·塞尚有一句名言："给我一个苹果，我能惊艳整个巴黎。"塞尚绘制的苹果也确实被载入史册。他的《帘幔、水壶与水果》（1893/1894）在1999年拍卖出超过6 000万美元的价格，成为史上售价最高的静物写生。

　　按照我们对艾米莉·狄金森（1830—1886）生平的了解，她不仅是一位天赋异禀的诗人，还是一名植物学知识渊博的园艺爱好者。马萨诸塞州阿默斯特市特赖安格尔街上的"家宅庄园"是狄金森和家人生活过的地方，一直保存到今天。但继任房主进行过不少改造，花园、菜园、温室以及苹果树、梨树、李树和樱桃树早在很久以前就消失了。考古学家花了很多年时间，煞费苦心地一层层挖掘土壤，试图推断出狄金森时代花园的模样，并立志复刻出重现往日风光的花园。与此同时，他们已经建好了一个小果园，栽种了一些古老的苹果树和梨树品种，如"鲍德温"苹果、"韦斯特菲尔德最佳"苹果和"冬内利斯"梨。

　　关于狄金森人生的诸多细节至今仍是谜团，但我们知道她自38岁起便不再参加教堂礼拜。她就这个话题写过一些令人难以忘怀的诗句，也明确传达出果园对她的重要性：

有些人在安息日上教堂——

而我，在家中留下身影——

食米鸟是我的唱诗班——

果园就是我的穹顶。

　　其他作家也参透了果园的象征意义。《樱桃园》（1904）是俄国剧作家安东·契诃夫最著名的悲喜剧之一，他选择了樱桃园环绕的乡间庄园作为故事背景。契诃夫笔下虚构的果园宏伟壮丽却颗粒无收。负债累累的贵族庄园主细数自己还有哪些选择：要不要把树砍倒建成小木屋以便在夏季租给游客呢？最终，果园不可避免迎来惨淡收场，就像那些在俄国社会不再有一席之地的贵族一样。樱桃树的消失象征着一种生活方式不复存在。

对于在其中辛勤劳作的人，果园给予的回报远远超过果实带来的经济效益。在第六章中，我们提到了17世纪一本畅销园艺书的作者威廉·劳森，他坦承自己的果树吸引来的鸟儿及其歌声给他带来的愉悦几乎可以媲美水果本身：

> 我决不会错过一桩使果园生色的雅事，那就是一窝夜莺。夜莺音调和曲调多变，娇弱的身体里能迸发出洪亮悦耳的歌声，将日夜陪伴着你。她心中喜爱温暖的树林（也栖身其中），会帮你清理树上的毛毛虫及一切害虫。文静的欧亚鸲是她的好帮手，但在冬天最冷的风暴来临时又只能道别。夏日里我们也不能忘记傻乎乎的鹌鹑，她独特的啭鸣（像甜美的留声机一样）会让你打起精神。
>
> 乌鸫和鸥歌鸫（在我看来，鸫鸟不爱唱歌，总在狼吞虎咽）在五月的清晨放声歌唱，让你大饱耳福。假如你手中有熟透的樱桃或浆果，便不需要它们的陪伴了，可以像其他人那样尽情享用。但比起水果，我更想要鸟儿的陪伴。

后来，美国诗人约翰·詹姆斯·普拉特将19世纪熙攘喧嚣的城市生活与宁静的乡村生活对比，说前者充斥着"众多车轮的咆哮声、榔头的敲击声、轰隆的脚步声，所有忙忙碌碌的人发出的一切噪声和响声在我们耳中回荡"，而后者则奉上"红彤彤、金灿灿的果园，园中硕果累累"，且"微醺的蜜蜂在苹果酒坊里四处飞舞"。

　　谁会不愿意在一个暖洋洋的夏日午后来到古老果树的树荫下打发时间呢？或许还能带上本书（又或许正是笔者的这本书）。果园能令很多人回想起无忧无虑的童年时代，大家在苹果树的树荫下玩耍，根本等不及果子熟透，总有人抵制不住诱惑去咬一口仍然青涩的酸苹果。随着夏日接近尾声，空气中逐渐弥漫起成熟果实的芳香。

　　在诸多将果园誉为宁静之乡的人里，无人的文笔能出弗吉尼亚·伍尔夫其右。她写过一篇文章，名字就叫《果园里》：

————
下图
《摘苹果的人》，
英国画家弗雷
德里克·摩根，
1880年。

　　　　米兰达在果园里睡去，她究竟是睡着了，还是没有？她

的紫色裙子在两棵苹果树间铺开。果园里共有24棵苹果树，有些微微倾斜，有些站得笔直，一股冲劲沿树干向上蹿，一直蔓延到树枝上，凝成一个个或红或黄的圆果。每棵苹果树都有充足的空间。天空恰好和树叶相衬。一阵微风拂过，墙边的树枝微微歪斜，又回到原位。鹈鸲从一个角斜飞到另一个角。一只画眉谨慎地蹦跳着，朝一枚掉落的苹果靠近。一只麻雀从另一面墙上扑腾着翅膀低低掠过草地。苹果树那股向上的劲头被这些动静压了下来，而一切都被果园围墙牢牢圈住。

不管是在秋天硕果累累，还是在春天百花齐放，果园都有令人沉醉的魔力。以古怪出名的传奇诗人伊迪丝·西特韦尔有两个弟弟，她的大弟弟奥斯伯特·西特韦尔（1892—1962）曾在1934年参加过北平一位贵人举办的令人惊叹的"园游会"，并回忆了细节。这次聚会的目的是欣赏盛开的海棠花。一切都很完美，正如：

> 一年时光匆匆流逝，你几乎能听到苹果树、榅桲树和紫藤树的树枝发出生机盎然的嘎吱声，几乎能看见黏糊的蓓蕾初现，接着徐徐展开，盛放为香气四溢的花朵，形如杯盏、如舌头、如小塔。

当年迈的客人抵达，从黄包车上下来后，他们发现自己身处的
花园：

　　　　似乎无边无垠……在铺着黄瓦的围墙内，是一片片古老
　　的柏树林，鳞片状的叶子在空中层层叠叠，好似一团团蓝绿
　　色的烟雾。园内有建于18世纪的水景花园，现在已经干涸，
　　野花丛生。下沉庭院里，盘根错节的粗糙树干比比皆是，这
　　些歪斜的古老果树正是庭园主人最大的骄傲。

客人们并非简单地一览景色就好，而是细细鉴赏这些花朵：

老人们艰难缓慢地沿着蜿蜒的石子路蹒跚而行，来到这些树前。走近后便由人领着登上一小段一小段石阶。这些石阶设计精巧，除了露出的台阶，看起来好似破草皮而出的天然石头或从天上掉下来的石头。这些石阶引向一个与树顶平齐的高度，因此总设在苹果树、梨树、桃树、榲桲树和樱桃树旁，这样内行的赏花人可以获得最佳景观。即便是不擅长中式花道的新人，在登上这些石阶后放眼望去，也会发现四面八方皆有别致树景映入眼帘，好似进入了一个崭新的世界。

西特韦尔继续描述了他们如何在就座后又花了一个小时凝视花朵，对比它们的颜色和香气较前一年有何不同。然后人们才纷纷进入下一环节，欣赏起树的姿态以及所处的整个环境。

尽管果园平静又浪漫，是消磨时间的好去处，但它们最主要的功能还是生产水果。想将所有收成物尽其用会带来巨大的工作量，而采摘和加工水果需要人们以各种方式动用自己的感官。瑞典画家卡尔·拉森（1853—1919）回忆起1904年的大丰收所带来的挑战："从夏日中旬开始，我们得撑起树枝，不然那些即将成熟的'阿斯特拉罕'苹果、'伏花皮'苹果以及不知名的苹果就会把树枝压垮。"他们收获了如此多的苹果，以至于一家人只能吃"苹果泥、苹果酱、苹果冻……夜以继日，吃了好几个月"，到最后大家迫切渴望吃到香蕉和海枣。

大部分常去或偶尔拜访果园的人并不是传统意义上的"艺术家"，但他们与果树和水果之间产生的强烈联结仍然经受住时间的考验且流传下来。修辞、故事、迷信，这些都是一代又一代"草根艺术家"薪火相传的艺术结晶。有时根本无法以实例来验证其中所传达的信息，但即便如此，它们也左右了人们的想象力，为那些反复讲述的故事提供原型。中欧就有很多这样的例子，尽管确切起源已不可考，但可以肯定历史有数百年之久。

这些文化残迹告诉我们，人们相信果树是有知觉的生物，值得悉心爱护和尊敬；并且正如一系列古老信仰所刻画的那样，花园是众神的住所。人们将果树在一年中的不同生长阶段与自己的一生对应起来，并相信一些特殊做法可以影响果树的生长及产量。在欧洲日耳曼语区有一些例子能让我们进一步了解这种实用的魔法。

上图
《苹果丰收》，卡米耶·毕沙罗，1888年。

在享用完圣诞夜大餐后，明智的做法是把残羹剩饭和坚果壳带去"喂给"果树。而在1月6日主显节或"圣诞节后第十二天"，苹果树的主人也有特殊任务，需要在嘴里塞满油炸馅饼并亲吻苹果树，嘴里还念念有词："树！树！给你一个吻，多结果子吧，像我的嘴一样满。"在圣诞节、跨年夜以及元旦这样的冬令节日，用麦秆包住果树也是常见习俗。有些学者认为，这种做法脱胎于远古时代的素祭仪式。在某些节日，人们会摇晃、击打或敲击果树，目的也是希望它们能产出更多水果。每十颗果子中让果树"留下"一颗，祝它们新年快乐，把骨头挂在不结果的树上希望它们因为羞愧而开始结果，这些做法真的有用吗？

当年幼的果树结第一茬果子时，采摘者必须把摘下的果子放在一个大篮子里，这样果树就能明白主人对往后的收成有什么样的期待。另一个确保丰收的方法是送一些果子给别人，尤其是孕妇。与此同时，德国普法尔茨地区的人却相信孕妇所种的树不会结果。

英国也有一些引人注目的习俗，包括"苹果号子"。简单来说，孩童们会一边用棍子敲击果树，一边用新年传统"祝酒歌"的调子唱一首改编的歌，目的是驱赶邪灵。真是这样吗？民俗学家怀疑人们一开始这样做是为了逼出树中冬眠的害虫，好让鸟儿消灭它们。

很明显，果园是宝库，为我们提供源源不绝的传统、习俗和故事。我们真的应当把它们驱逐到地产边缘，就好像它们不配处于家庭生活的中心一样吗？在《英国园丁》（1829）一书中，旗帜鲜明的威廉·科贝特就这个话题发表了激情洋溢的观点：

> 我认为没有任何理由将蔬果园放到偏僻的犄角旮旯里，与
> 大宅离得那么远，就好像那是什么不得不留下的邪祟，入不得
> 主人的眼似的。在丰收时节还有什么比挂满樱桃、桃子或杏子
> 的果树更美丽的景色吗？尤其是后两种果树。人们会用这些美
> 丽果实的模型来装饰壁炉架，却对挂在枝头的鲜果不屑一顾，
> 这实在太令人费解了。明明后者看起来更加雅致，伴随着郁郁
> 葱葱的枝条、蓓蕾和树叶。

最后，假如一本关于被遗忘的果园的书里没有提到意大利彭纳
比利市的"遗忘之果花园"，那还像话吗？这座神奇的花园坐落在佛
罗伦萨和圣马力诺之间，曾经属于宝血传教士天主教会。它保护了亚
平宁山脉的果树，让它们不被人们遗忘甚至彻底灭绝。园中有苹果、
梨、榅桲、樱桃和欧楂。除此之外，花园里还收藏了许多日晷和鸽
舍，以及当代艺术家的雕塑和其他作品。园中有一处特殊的瑰宝——
"遗弃圣母救难所"，收藏了很多圣母玛利亚的陶俑和陶瓷雕像。不
难想象这些曾经在乡间十字路口的祈愿圣祠中熠熠生辉的圣母像如何
遁入此间静谧之处，以躲避凡人的疏忽和我们这个时代的罪过。在现
代世界边缘，确有这样一个如梦境般挂满水果的避难所。

第十六章

回归水果的野性

　　曾经，水果种植主要意味着僧侣在人迹罕至的修道院花园里悉心照料果树。那样的日子早已是过眼云烟。如今，超市里售卖的大部分水果压根不曾靠近过浪漫的果园，而是来自运作模式类似工厂的大型种植园。这些种植园的目标是生产出大小一致、口味稳定、保鲜期尽可能长的水果。在很多情况下，水果甚至还未成熟就已经采摘完毕。我们也不能忘记，除热带地区外，直到20世纪中期，大部分人在冬季和开春时依然缺乏新鲜蔬菜和水果。想让更多人获得新鲜水果供应，需要进行长途运输，以及调节储存环境中的氮含量来防止水果腐坏。如今，很多人都拥有大量选择。例如，尽管石榴直到九月才会在北半球成熟，但当地消费者依然可以在夏天买到石榴，因为这些水果搭乘飞机从南美洲来到超市货架上。当然，这种行为会付出额外的生态代价。

今天，市面上销售的很多水果从字面意义来说甚至无法繁衍后代，想想那些无籽葡萄和无籽橘子吧。拥有壮观树冠的高大果树也在消失。现代化种植方法及设备是为更加矮小健壮的品种设计的，这些树更容易照料，且水果产量更大、品质更优。

我们可以把这种种植趋势概括为"矮化密植"。假如你走过一座现代化苹果农场，会看到纺锤形果树排成一列列长队，每棵树只有一根主干，苹果就挂在主干上凸出的短平树枝上。这种高强度种植方法与传统的19世纪或20世纪果园几乎没有任何相似之处。在之前的章节里，我们了解到以前的园丁如何培育出顺着墙生长的果树，而如今"果树墙"则代表了一种截然不同的种植方法。你会看到果树紧紧挨在一起，形成一道窄窄的树篱，由机器进行修剪。这样做是为了节约空间，并且多亏了修剪树木的拖拉机，还能节约人力，从而降低水果上市的成本。

这些手段是否已经达到水果种植效率的巅峰，还是说山外依然有山？安东尼·威齐克来自不列颠哥伦比亚省基洛纳市，他在20世纪60年代中期推出了一项出人意料的园艺创新，轰动一时。威齐克的女儿温迪发现一棵树龄50年的"麦金托什"苹果树发生变异，树上有一根大树枝并没有发出新枝从而形成常见的大小枝体系，而是直接从短枝上结出果实。从这场基因突变中培育出的"柱状"苹果树被叫作"麦金托什·威齐克"苹果树。它们结出的苹果很大，颜色呈深红色，可惜不是特别好吃。

在位于英国肯特郡的东莫灵研究院，科学家们将英国"考克斯橙皮平"苹果与法国"短柄平"苹果的杂交种拿来和"麦金托什·威齐克"苹果再次杂交，得到一种装饰性苹果树，叫"弗拉门科"苹果，又叫"芭蕾舞女"苹果。这种树体形很小，可以养在阳台上，但果实容易生病。可以进一步将树改造成"尖塔"，这倒不是什么特殊品种，而

是一种保持树形细窄的修剪方式。苗条的柱状果树不占空间，一个宽敞的阳台就能装下整片"果园"。

其他实验包括将已有的水果种类进行杂交，由此得到的变种名有时得经过思考才能反应过来究竟是什么水果。例如，"杏李"（aprisali）就是杏和李的杂交；"桃杏李"（peacotum）则是桃子、杏和李子的混合体。"李杏"（pluots）从基因上来说主要是李子，但也有其他水果的基因。

"宇宙脆"苹果真的像《纽约时报》所宣称的那样是"未来最有前途以及最重要的苹果"吗？总之，这个20年前由华盛顿州立大学研发出来的苹果品种凭借口味和保存期限荣膺这项头衔，如今华盛顿州的整片果园都在种植这种苹果。全美三分之二的苹果都来自华盛顿州。最近的一项研究数据显示，仅仅15个品种就贡献了苹果总产量的90%。其中，无处不在的"红元帅"苹果夺得桂冠。

过去的情况可不是这样。据估计，几百年间，美国果农共种植过约17 000个苹果品种，但其中13 000种已经消失，曾经遍布全国几乎所有地区的家庭式果园也消失了不少。"尝过那些苹果的人说起它们时毕恭毕敬，眼中闪耀着光芒，回忆起当时的幸福，情到浓处还会倒吸一口气"，英国作家菲利普·莫顿·尚德在1944年写道。他指的是"萨默塞特·波默罗伊"和"威克宫"这两个流传至今的苹果品种。这17 000种苹果真的每一种都有独特的味道吗？或许也不尽然，但的确有许多还未来得及被世人所知的美味再也无处可寻。大规模水果产商倾向于将重点放在甜苹果上，但越来越多人开始欣赏口味更多元的品种。古老的英国"亚林顿磨坊"苹果和"金斯顿黑"苹果就是两个有趣的代表性品种，融合了酸味和甜味。

如果我们在培育水果时只注重大众口味和极致美感，会错过哪些东西呢？在《一颗桃子的墓志铭》这本书中，作者戴维·马斯·增本生动地描述了果农所面临的必须种植当下最热门品种的压力。不管果园主有多欣赏某个品种，他们或许都不得不转向另一个品种，或许仅仅因为消费者觉得一个颜色酷似新口红色号的水果比传统的黄色果子更诱人——在增本看来，"琥珀金"是更贴切的颜色描述：

> 我的最后一拨"太阳峰"桃子将被连根拔起。推土机会应召爬进我的园地，从土里挖出所有树，丢到一旁。乡间将回响着树枝断裂和树干被碾碎的声音。我的果园会轻轻松松被推翻，被强大的柴油引擎和无人想要美味桃子品种的事实所吞噬……
>
> "太阳峰"是仅剩的几个真正多汁的桃子品种之一。当你在冷水下清洗这颗珍贵的桃子时，指尖会本能地想要触摸流动的果肉。你的口水已经提前流了出来。你将身体探到水池上方，确保汁液不会流到身上。接着你的牙齿咬进果肉，桃汁沿脸颊流淌，悬在下巴上。这是实实在在的一口，一种原始行为，一项神奇的感官享受，宣告着夏天的来临。

这样的故事体现出尽力保护基因多样性的重要之处。英国国家水果展览馆一直以来命途多舛，甚至一度面临倒闭的风险，但仍然坚持到今天。展览馆所在的布罗格戴尔农场拥有众多令人眼花缭乱的水果品种，包括2 200种苹果、550种梨、285种樱桃、337种李子、19种榅桲、4种欧楂，以及42种坚果（主要是榛子）。展览馆内的专家会与专业果农分享他们的经验。许多地区尤其是英国和美国会举办水果大赛来推广鲜为人知的品种。一些研究中心还会举办试吃活动，让客人有机会找到他们最爱的品种。例如，加州戴维斯市国家克隆种质资源库的约翰·普里斯就定期提供各种石榴和柿子样品，令人眼花缭乱。

许多国家不仅开始保护水果品种，也有越来越多人对规模较小的果园产生兴趣。这些果园的园丁并不注重从每一小块土地上压榨出最大利润，而是被更伟大、更有意义甚至更美好的目标所驱动，这些目标是无法简单用金钱来衡量的。

人们很容易爱上这些更小、更容易了解的果园。对于照料果园的人来说，水果并不只是一种赚钱工具。诚然，大规模水果农场值得尊敬且非常重要，毕竟地球上有几十亿人口，大家都要填饱肚子。但显然，这些场所缺乏果农前辈们当年与水果打交道时所感受到的魔力。

同时，如今的小型果园主似乎拥有无限创意。奥塔肯特位于土耳其爱琴海岸度假胜地博德鲁姆附近，当地一位果园主阿里·吉拉告诉笔者，他可以通过夹杂种植石榴树和油橄榄树来增加产量。他如此确信

这个方法行之有效，谁又有资格反驳他呢？还有一件令吉拉非常愉快的事，就是他成功在一棵树上种出两个石榴品种，一酸一甜。裂开的水果无法出售，就拿去犒劳鸡群，让它们啄食种子，饱餐一顿。不管吉拉是否有意为之，他延续了一项传承千年的传统，那就是把不适合人类食用的水果分享给家养或野生动物。例如，圈养的鹿在顺风时可以迅速捕捉到苹果的香气，并随着诱人的味道找到源头。

上图
炸开的石榴被放到一旁，留作鸡饲料，博德鲁姆，土耳其。

德国下弗兰肯区位于巴伐利亚西北部，主要以葡萄酒闻名。这里有一座特立独行的果园，叫作穆斯泰亚农场。主人马里乌斯·维图尔全身心投入榅桲的种植，对那些处于灭绝边缘的古老品种尤其感兴趣。当我第一次听说这个果园的时候，惊讶于农场主竟能设法找到这么多榅桲品种。不过，近年来这种水果愈发流行，或许人们越来越能欣赏它不那么甜的滋味，又或者他们开始怀旧，想念起那个榅桲与欧楂、桑葚一样更为常见的时代。葡萄牙人将榅桲这种神奇的水果叫作

marmelo，我也是在那里第一次吃到一种叫marmelada的榅桲果酱冻，当地人将它切成片配奶酪吃。大部分榅桲很硬，所以难以生吃，不过土耳其有一个深黄色的品种咬起来跟苹果一样。

有人在努力重新种植这种"陨落的水果"，这本身已经是一件值得庆祝的事，但我对这个德国项目了解越多，就越觉得它有趣。首先，这些树是按照有机农业的原则来种植的。理念就是专注于培育健康的树，而非追求产量最大化。这意味着主人的目标是让果树生机勃勃，而随着果树愈发健康有活力，果子的质量也会越来越高。农场甚至不使用人工灌溉，而是通过粗放照料整片园地的方式来打理果园，坚信应当让土壤的自然含水量来决定果实的大小和发育。这也被视作唯一能够真正体现榅桲原始果香浓度的方法。

接着农场主又想到一个新点子，在果园中引入放养的家畜，这样就不需要修剪树荫下的草了。这种温和控制林下植物生长的方式对生态有很多好处。科堡狐羊似乎是合适的帮手。这是一个近年来再次引人注目的古老品种，之前都生活在植被稀疏的高地，栖息地气候与弗兰肯区类似。科堡狐羊在羊羔时期与其他品种的区别尤为明显，它们刚出生时的毛色从金黄色到红棕色不等。但该品种优势显著，每只羊都拥有大名鼎鼎的"金蹄子"。这个颇有诗意的名号指的是它们的羊蹄可以轻轻踩过地面，不会把土壤压得很实。它们更喜欢小口啃食叶片，而不是像马那样把整簇的草拔起，这也是一个优点。种植果树的原则同样适用于羊群，比起羊毛质量和产肉量，农民更关心的是羊群的活力、羊蹄发育情况以及羊的行为。在决定饲养方式时，后者才是农民最关心的领域。

如今，别处罕见的植物和昆虫已经在果园的土地上安家。两种令人称道的经营项目和谐共存。不仅濒临灭绝的榅桲品种重获新生，古老品种的羊群也顺应着农时茁壮成长、繁衍后代。这种植物和动物共存的新关系为未来农业更好地发展指明了方向。

榅桲树共占地20英亩（8公顷），有近100个品种（果园员工称之为"大杂烩"），据说是全欧洲榅桲品种最丰富的果园。由于不同品种成熟时间不同，从九月末到十月最后一周可以一直采摘这种柠檬黄色的水果。榅桲也成为一系列葡萄酒的原料，人们还用它制作餐后甜酒、果汁、糖浆、果冻、柑橘酱和榅桲面包。还有人用榅桲给羊肉调味，制成德式小香肠。

英国也能找到这类种植方法的拥护者。什罗普郡羊最早被人们养在德国圣诞树园内，现在也被引入酿酒苹果园。这些动物出了名的冷静和温顺。它们一般只吃树间小道上的植被，且只要饮食均衡就不会去碰树干。它们是很好的割草助手，既能维持草面低度，又带来新的收入来源。同时，它们也能在一定程度上降低苹果黑星病的概率，因为引发这种病害的孢子可以躲在树下的土壤中安然度过冬天，而什罗普郡羊会在秋季吃掉落叶。在不同环境里，其他品种的羊也能发挥作用。例如，老英国娃娃羊就能及时啃食葡萄园中长高的草地，但压根不碰葡萄叶。

　　果园与动物之间存在着长久的联系，在现代水果种植中使用羊群只是其中一个例子。在本书的不同章节中，我们能看到大大小小的动物对于水果种植或果核与种子传播的重要作用。远古时期，野马和骆驼食用水果后会在遥远的地方排泄出无法消化的种子和果核。猴子一度且现在也依然被训练爬上高树，采摘难以企及的果子并送到等待的人类手中。蜜蜂为花朵授粉，它们的劳动提升了水果产量。果农们也引入昆虫来击败害虫，鸡、鸭、鹅在此领域亦能有所贡献。不过，禽类（尤其是鹅）也可能会对树苗造成伤害，果园的照料者需要小心筛选请入果园的家养动物。顺便一提，狗似乎还有一个有趣的能力。科学家发现它们能嗅出黄龙病，又称柑橘青果病，这是一种通过柑橘木虱传播的致命性细菌病害。

　　如今的果园主在汲取前人智慧的同时继续挑战极限。有时他们会把果园设立在最令人意想不到的地方，克拉梅特霍夫果园就是一个例子。这座果园位于奥地利腹地，在萨尔茨堡东南边100英里（160千米）处。主人并没有选择让果园处在山谷的庇护之下，而是选中了一片海拔在3 600～5 000英尺之间（1 100～1 500米）的地。这种地势一般寸草不生，只有零星分散的云杉。教科书告诉我们果树无法在海拔超过3 000英尺（1 000米）的地方生长，但这座果园偏偏反其道而行。惊讶的访客会看到一棵硕果累累的黄香李树，还有苹果树、梨树和其他品种的李树。果农泽普·霍尔策甚至拥有五个不同品种的猕猴桃树。虽然难以置信，但果园里共有14 000棵果树。瞧瞧吧，那儿就有一棵橙树，枝头正挂着几颗熟透的橙子呢。

霍尔策如何能够在高海拔地区不适宜水果生长的气候里，成功种植出来自南方的水果呢？他首先选择了一个防风的山坳作为种树地点，接着采用一种被他命名为"石砌暖炉效应"的方法在此处放置巨大石块以储存太阳热量。"这些石头会'出汗'，在下方形成冷凝水。"霍尔策解释道。他的大胆实验为他赢得了"务农先锋"和"叛逆农夫"的称号。霍尔策说："这些潮湿的地点很适合蚯蚓生存，而蚯蚓又能为植物提供养分。我会把需要很多温暖的植物如橙树或猕猴桃树种在这些'阳光陷阱'里。"

最根本的原则就是利用植物、动物和实际环境的相互作用。1962年，霍尔策从父亲手中接过农场，第一步就是大刀阔斧地改变坡地布局，开垦出自带池塘的梯田。自那以后，他就和妻子薇罗尼卡一起经营农场，二人按照自己独特的理念来照看果树：

> 这些全都是可以自给自足的树，根本不需要修剪。因为
> 你一旦开始修剪树木，就得一直修剪下去。我可是凭借丰富
> 的苗圃工作经验得出这个结论的。植物会产生依赖，对此上
> 瘾。那样的树在这种海拔是活不下去的。

他的成功足以证明一切。德国和苏格兰的买家都从他的果园订购果
树；每到秋天，游客会蜂拥来到克拉梅特霍夫果园，参与水果丰收。

意大利蒂罗尔州南部与霍尔策的农场相距不远（至少对习惯北美洲
距离的游客来说），那里坐落着意大利最北的一座油橄榄园。园中种植
了很多不同品种的油橄榄，但整体形象并不符合人们一般说起"油橄榄
园"时脑海中浮现的画面。几百棵油橄榄树全部长在山坡上，长在几乎
垂直的斑岩山峭壁凹陷处。显然，采摘这些油橄榄是一项艰巨的任务。
当初之所以选中埃伊萨克河岸上的这块位置，是因为此处有天然屏障，
且格外暖和。

这片油橄榄园的名字叫翁特甘茨纳，位于博尔扎诺镇上方海拔935
英尺（285米）处。这块地自1629年起就属于同一个家族。油橄榄树是
20世纪80年代首次出现在这里的，农场主约瑟夫斯·迈尔为了实现自己
的梦想而种下这些树。他的很多邻居认为这个想法非常愚蠢，当迈尔
在1986年的严冬中失去数千棵油橄榄树后，他们就更加坚定自己的判

断了。然而，现在迈尔每年能收获两吨油橄榄。多亏了气候变化，目前油橄榄成熟期比几十年前提前了10～14天。迈尔家的橄榄油口感丰富，入口顺滑，令他非常自豪。与此同时，油橄榄园只是他的爱好，他真正的主业是经营一家遵循传统方式的葡萄园，不使用杀虫剂或复合肥料。但他很欣赏常青的油橄榄树，以及它们在冬季与光秃秃的葡萄藤形成的强烈反差。苹果树、无花果树、坚果树和栗树也在他的梯田上生长，对此人们应该不会再感到意外了。

果树还会出现在其他大家意想不到的地方。挪威的一些峡湾两岸的气候竟然颇为适合种植水果，大部分是酿酒苹果。松恩峡湾是该国最长最深的峡湾，为我们提供了一个很好的例子。尽管该地生长期短，但作为弥补，夏季白昼很长，因此形成了独特的微气候，被称为"气候绿洲"，可以保护花朵挺过霜冻。当然，如果没有墨西哥湾流的升温作用，以上这些优点也无法形成适合果树种植的条件。毕竟，松恩峡湾的纬度与格陵兰岛南端、育空地区和安克雷奇一样。

在关于樱桃的章节里，我们看到了蜂类在果园中的重要作用。西班牙安达卢西亚地区的部分果农甚至进一步让昆虫成为他们果园的一部分。他们机智地发明了一种抗击蚜虫的方法，就是在成排果树旁放置木箱作为蜘蛛"旅馆"，而蜘蛛可是蚜虫的天敌。这样一来，至少可以减少一部分杀虫剂用量，杀虫剂越少，各种各样的益虫就越多。

假如那些复兴传统果树种植方式的果农和果园主被归类为"叛逆者"，那我们要如何称呼那些身体力行将果园带到世界各都市大街上的

城市活动家呢？这些"嫁接游击队员"将能结果的接穗移植到城市里原本只为美观而培育的树木上，梦想着能在大城市里看到果树林。其实在某些地区这种行为是违法的，因为掉落的果实会对行人造成危险，还会招来不受欢迎的啮齿动物和昆虫，这样做的人甚至可能被判处故意破坏公共财产罪。"嫁接游击队员"则辩称他们会小心照料这些树，确保果树健康成长，不造成危害。一种"更温和的"直接将水果带进社区的模式已经在旧金山、洛杉矶、费城、温哥华和北美之外的许多大城市中出现，那就是如雨后春笋般纷纷立起的社区/城市果园。

果园是名副其实的自然和文化资产，我们有很多理由来庆祝它们终于寻回应有的地位。事实就是，我们的世界已经有太多地区被瓜分和建设，因此人们普遍渴望果园和水果"回到它们原本的样子"。大自然的势力范围持续缩减乃至彻底被毁，大家曾经熟悉的特征也慢慢褪去。因此，古老果树所在的果园成了人们心目中的宝贵资源。人们

有时会故意把死去的树留在原地，为昆虫、蜘蛛、蜈蚣和其他小生物提供茁壮成长的空间。野生树篱、成堆的树枝和石头，以及无人开垦的小块土地为狐狸等略微大型的动物提供家园，而作为回报，它们也会帮助抑制破坏树根或树皮的小型啮齿动物的活动。

各处的传统赏花活动都在吸引新粉丝拥入果园追忆"美好的旧时光"。五朔节是英国和爱尔兰的传统节日，发源自遥远的异教徒时期，对于宣传一年之中果园的循环周期有特殊作用。五朔节庆祝活动在五月初举办，人们从圣树上取来木柴，并点燃篝火作为开幕仪式。不管是对个人还是社区来说，规模更小、节奏更慢的果园所带来的礼物远远超过水果本身，不管是过去还是现在都是如此。

上图
采摘路边的果子，19世纪末。

重新开始

　　绿洲中屹立着参天的海枣树，树下又生长了一些矮小的果树——这或许就是世界上最早的"果园"。有些一直留存到今天，在某些方面发生了翻天覆地的变化，而另一些方面则惊人地丝毫未改。人们并非总能清楚地界定哪些部分属于原始绿洲，哪些不是。尽管现代开发的确在绿洲中留下了痕迹，但从本质上来说那里的生活变化不大。当然，水管材料跟四五千年前不同了，工作安排也更加高效。如今，阿拉伯半岛上照管海枣园的大部分工人来自印度、孟加拉国和巴基斯坦。他们乘坐吉普车穿越沙漠，不用再骑骆驼。抽水机更加高效，从地下深处抽出来的水

（有时是海岸上的海水淡化装置搅拌加工出来的水）让以绿洲为中心开垦出来的土地飞速扩张。

海枣对很多人来说依然是主食。内夫塔和托泽尔是突尼斯南部埃尔杰里德盐湖地区的两座绿洲，离阿尔及利亚边境不远，地形多变，相对比较容易出入。这两座绿洲所在之处有抵挡北风的屏障，且分布着大量天然泉。除了海枣外，绿洲内还种植油橄榄、橙子、无花果、杏和桃树，以及葡萄藤。一套设计精妙的大坝和渠道系统为绿洲提供灌溉。传统上，人们使用棕榈树桩建造大坝，还会在树桩上刻下又深又长的切口，切口数量能表明一定时间内流过大坝的水量。埃尔切棕榈园位于西班牙西南部，是一座种植棕榈树的绿洲，至今共生长了多达2 000棵海枣树。置身棕榈园中，再发挥一点想象力，你会感到自己仿佛进入了一座阿拉伯花园。此处最古老的棕榈树据估计树龄有300年，很多树高达130英尺（40米），高耸入云。每年，埃尔切棕榈园能出产约2 000吨海枣。

想象我们的水果曾经是什么模样，思考所有的种子、嫩枝和树桩究竟经过多少双手的抚摸，以及它们所经历的地理和时间旅程，这是非常宝贵的思想活动。人们并非仅仅为了自己而种下果树，也在投资未来。从这个角度来说，建立一座果园是前瞻性工程，联结了不同世代。在果树的自然循环周期中我们也能感受到这份历久弥新的传承，这与在果树中或周围生活的那些人的人生密切呼应。罗伯特·波格·哈里森是斯坦福大学一名研究浪漫主义文学的学者，关于花园（在这里适用于果园）

果园小史

所体现出的高度道德水准，他是这样写的：

> 人工建造一座花园需要时间，这座花园也须经历时间的考验。园丁得预先规划，按计划播种和培育植物，在适当的时间里花园会产出果实或满足人们的预期。在此期间，园丁日复一日，永远受困于新的烦恼。花园就像故事一样，会自己衍生出情节，这种未知的神秘使得园丁长期处于或多或少的压力之中。真正的园丁是永远"不会缺席的园丁"。

我在柏林市中心长大，远离乡村。但我非常幸运，从很小的时候开始，每年从春季到秋季我都会被自家小屋周围的果树所环绕。在我心爱的秋千附近可以找到醋栗、覆盆子和鹅莓灌木丛，就在前院靠近邻家篱笆的地方。还能找到一丛丛野草莓，比今天所能买到的草莓小得多，也更尖。野草莓不那么甜，但香味浓郁。商业种植园里的草莓在丰收后便被连根拔起，我的小小野草莓丛没有经历过这样的命运，它们一直留在原地，每年都会结出新果。除了浆果丛外，我们还有几棵苹果树、梨树和李子树。夏末，我们用采摘工具来收集枝头的熟果。采摘工具是一根长棍，一端有夹子和一个袋子。采摘时机总是恰到好处，就在那些美味多汁的果子即将自行落下之前。果树都很高，我们会使用一架不太稳的木头梯子。当我还是一个小男孩的时候，爬梯子是一场冒险，总会让我头晕目眩。

一旦丰收的果实运到屋内，我父母就会花上好几个完整的周末进行加工。他们在成群黄蜂的环绕下用榨汁蒸锅加热水果，通过软管把果汁灌到瓶子里，再小心地用红色橡皮塞把瓶口封住。每年冬天，我们都有各式各样的果汁可以喝。我记得屋后还有一大片西洋接骨木丛，每到结果时节，果实会散发出刺鼻的甜香，还会在露天平台上留下深色的斑斑点点。我们有一座小凉亭，背后是一片稠密的小树丛，里面甚至还长出了葡萄，可惜又小又酸，只好留给鸟儿享用了。

在拥有这座花园的10年里，我们增添了一些植物。我们一直没有弄清谁是那些果树和灌木最初的主人，但它们肯定已经有几十年历史了，很可能是在第二次世界大战后种下的。我们从来没有想到要聘用一个"水果侦探"来识别这些年复一年忠心耿耿为我们效劳的果树究竟是什么品种，很乐意带着这个微不足道的谜团生活下去。作为回报，我们得到的是一个水果产量惊人的花园，常常令主人受宠若惊，只好把装满了苹果和梨的袋子挂在篱笆上供路人享用。

我在给这本书收尾的时候了解到一项令人震惊的研究项目，能够阐释早期的野果是如何传播以及在他乡安家的。科学家通过全球定位系统发射机，展示了非洲至少一种狐蝠（蝙蝠家族中的大型品种）传播果树种子、帮助促进荒地植被再生的过程。这些种子来自海枣、杧果和其他水果。狐蝠与候鸟有许多相似之处，它们都能够越过森林边界和开阔的地域，把水果传播到最远45英里（75千米）外的地方。想象一下，来自加纳阿克拉的一群狐蝠在日落时分出发去城市边界之外

的地方寻找水果，饱餐一顿后，水果种子在它们的消化系统里待上一到八个小时，然后在回程中被排泄在某处。

这一现象并非局限在一小片区域。从大西洋上的科特迪瓦共和国到印度洋上的肯尼亚都能见到这些狐蝠的身影。来自德国马克斯·普朗克鸟类研究所和康斯坦茨大学的生物学家迪娜·德什曼表示，它们在果树存活中起到关键作用。"在狐蝠传播的植物中，有一些生长迅速的树种会成为先锋种，为其他树种扎根成长创造良好环境。"她解释道。德什曼博士与来自卡尔马市林奈大学的瑞典同事马里耶勒·范·托尔一同工作，用具体数字证明了她的观察结果。在每一次夜间飞行中，预计有152 000只来自阿克拉的狐蝠在一大片区域内播撒338 000颗种子。一年之中，它们仅在加纳就能在近2 000英亩（800公顷）土地上种满自己食用的树种，这些树长势很快。可以说，不需要任何人力干预，野生果树林就能焕发出勃勃生机。

上图
一只黄毛果蝠
（狐蝠的一种）
一口咬在一颗李
子上，加纳。

后页图
摘水果的女子，
约1900年。

致
谢

Acknowledgments

　　与植物打交道且热爱植物的人总是乐于分享他们的知识。在写作本书的过程中，这样的慷慨精神令我获益良多。非常感谢我的编辑简·比林赫斯特，她身兼植物专家及才华横溢的作家，几乎注定成为这个项目的协作者，这是我们合作的第三本书。洛丽·兰茨博士一如既往提供了优秀的译文，这也是我们合作的第三本书。我还要感谢格雷斯通出版社的出版人罗伯·桑德斯；感谢贝尔·维特里希带来优雅的装帧设计；感谢格雷斯通整个激情洋溢的团队；以及感谢安东尼·哈伍德有限公司的作家经纪人詹姆斯·麦克唐纳·洛克哈特。

许多信源和人员为本书的调研提供了巨大帮助，尤其是我的朋友乌尔里克·迈耶教授私人精心保存的科学材料档案库；卡琳·霍赫格博士关于斯里兰卡传统花园的信息；朱莉·安格斯关于早期油橄榄种植的信息；赫尔穆特·赖米茨教授提供的"图尔的格雷戈里"的引用文字；以及柏林植物园藏书丰富的图书馆。我要感谢图书馆馆长卡琳·厄梅以及她友善的同事们多次允许我使用他们的档案馆。假如您有机会参观著名的柏林植物园，那么请相信我，这是一个激发灵感、堪称神奇的地方。法兰克福棕榈园的希尔克·施泰内克教授好心地提前阅读了文稿，指出前后矛盾之处，并提供了很多非常有帮助的意见。我也想借此机会感谢帮我找到生僻图书和资源的古董书商们。其中，来自柏林舍讷贝格区"图书馆"书店的乌特·福尔茨和"书窖"书店的瓦尔特·弗尔克尔贡献尤为显著。

最后，我要感谢很多作家，他们的书和文章帮助我更好地理解了历史上栽培水果的条件。还要感谢我的父母，四十年前的此刻，他们与我一同在阿马尔菲的柠檬园和内夫塔、托泽尔这两座绿洲中漫步。

本人一力为书中存在的任何错误负责。

引用文字及
具体研究来源

前言　缘起

"当人迁徙时……"：Henry David Thoreau, *Wild Fruits*, ed. Bradley Dean (New York: Norton, 2001).

启发作者创作本书的文章是：George Willcox, "Les fruits au Proche-Orient avant la domestication des fruitiers," in Marie-Pierre Ruas, ed., *Des fruits d'ici et d'ailleurs: Regards sur l'histoire de quelques fruits consommés en Europe* (Paris: Omniscience, 2016).

"从植物的角度出发……"（及相关引文）：Ahmad Hegazy and Jon Lovett-Doust, *Plant Ecology in the Middle East* (Oxford: Oxford University Press, 2016).

"重点在于……"：Charles Darwin, *On the Origin of Species* (London: John Murray, 1859).

第一章　果园出现之前

本章中提到的文章：

Alexandra DeCasien, Scott A. Williams, and James P. Higham, "Primate Brain Size Is Predicted by Diet but Not Sociality," *Nature Ecology & Evolution* 1, no.5 (March 2017).

Nathaniel J. Dominy et al., "How Chimpanzees Integrate Sensory Information to Select Figs," *Interface Focus* 6, no.3 (June 2016).

Mordechai E. Kislev, Anat Hartmann, and Ofer Bar-Yosef, "Early Domesticated Fig in the Jordan Valley," *Science* 312, no.5778 (July 2006).

"你妻子在你的内室……"：*The Bible, New International Edition,* Psalm 128: 3.

"在人类驯化橄榄树的时候……"：Mort Rosenblum, *Olives: The Life and Lore of a Noble Fruit* (Bath: Absolute Press, 1977).

第二章　棕榈叶的窸窣

本章部分信息来源于信息全面，但市面罕见的：

Warda H. Bircher, *The Date Palm: A Friend and Companion of Man* (Cairo: Modern Publishing House, 1995).

"……最高大壮观的植物"：Alexander von Humboldt, *Views of Nature: Or, Contemplations on the Sublime Phenomena of Creation* (London: Henry G. Bohn, 1850).

"树林周围是一圈干砌墙……"：转引自 Berthold Volz ed., *Geographische Charakterbilder aus Asien* (Leipzig: Fuess, 1887) (in translation)。

第三章　诸神的花园

"我的种子好似她的贝齿……"：转引自 Maureen Carroll, *Earthly Paradises: Ancient Gardens in History and Archaeology* (Los Angeles: Getty Publications, 2003)。

"我从大扎卜河挖出一条运河……"（及相关引文）：转引自Stephanie Dalley, "Ancient Mesopotamian Gardens and the Identification of the Hanging Gardens of Babylon Resolved," *Garden History 21*, no. 1 (Summer 1993)。

"他们跨过天堂入口一般的圆形拱门……"：转引自Muhsin Mahdi, ed., *The Arabian Nights* (New York: Norton, 2008)。

"但这些园子里种的并非花朵……"：Vita Sackville-West, *Passenger to Teheran* (London: Hogarth Press, 1926).

"耶和华神把那人带来……"：*The Bible, New International Edition*, Genesis 2: 15.

第四章　离苹果树不远

"我们第一次看到……"：John Selborne, "Sweet Pilgrimage: Two British Apple Growers in the Tian Shan," *Steppe: A Central Asian Panorama* 9 (Winter 2011).

"我们看到果园周围有一圈高墙……"：转引自Jonas Benzion Lehrman, *Earthly Paradise: Garden and Courtyard in Islam* (Berkeley: University of California Press, 1980)。

关于苹果起源的资料来自Barrie E. Juniper and David J. Mabberley, *The Story of the Apple* (Portland: Timber Press, 2006)，信息综合全面。同时，请参见近期出版的Robert N. Spengler III, *Fruit From the Sands: The Silk Road Origins of the Fruits We Eat* (Berkeley: University of California Press, 2017)。

第五章　重温经典

"大门旁是一片辽阔的果园……"：Homer, *The Odyssey,* trans. Samuel Butler (originally published in 800 BC; Butler's translation published in London: A. C. Fifield, 1900) (accessed online through Project Gutenberg).

"三大基本'共鸣'是……"：Margaret Helen Hilditch, *Kepos: Garden Spaces in Ancient Greece: Imagination and Reality* (doctoral dissertation, University of Leicester, 2015), https://pdfs.semanticscholar.org/540b/8fb60465ccd7e92a3c3feba9234f6eb4ee1.pdf.

"……比这更美妙或更珍贵的礼物了。"：转引自Archibald F. Barron, *Vines and Vine Culture* (London: Journal of Horticulture, 1883)。

"众多民族生活在高加索地区……"（及相关引文）：Herodotus, *The Persian Wars*, trans. A. D. Godley (originally published ca. 430 BCE；Godley's translation published in Cambridge, Mass.: Harvard University Press, 1920).

"田垄一望无垠，品种数不胜数。"：Theophrastus, *Enquiry Into Plants and On the Causes of Plants,* trans. Arthur F. Hort (originally published ca. 350–287 BCE．Hort's translation published in Cambridge, Mass.: Harvard University Press, 1916).

"就算这样……"：Vergil, *Georgica,* trans. Theodore Chickering Williams (originally published ca. 37–29 BCE; Williams's translation published in Cambridge, Mass.: Harvard University Press, 1915).

"不要等到冬天，秋天就将梨树种下……"（及相关引文）：Lucius Junius Moderatus Columella, *On Agriculture,* trans. Harrison Boyd Ash (originally published in 1559; Ash's translation published in Cambridge, Mass.: Harvard University Press, 1941–1955).

"说起果树……"： Pliny the Elder, *Natural History*, book 17, trans. Harris Rackham (originally published ca. 77 CE; Rackham's translation published in Cambridge, Mass.: Harvard University Press, 1938–1963).

"车道旁边……"（及相关引文）： Pliny the Younger, *Letters,* trans. William Melmoth (Cambridge, Mass.: Harvard University Press, 1963).

"人们认为……"： Marcus Terentius Varro, *On Agriculture*, originally published in 37 BCE; trans. William Davis Hooper, rev. Harrison Boyd Ash, (Hooper's translation published in Cambridge, Mass.: Harvard University Press, 1934).

"天气极其恶劣……"： Tacitus, *The Agricola and the Germania*, trans. Harold Mattingly (Harmondsworth, England: Penguin Books, 1948).

第六章　人间天堂

关于圣加仑修道院的信息来自： Walter Horn and Ernest Born, *The Plan of St. Gall: A Study of the Architecture and Economy of, and Life in a Paradigmatic Carolingian Monastery* (Berkeley and Los Angeles: University of California Press, 1979).

"您坐在您那篱笆环绕的小花园里……"： Walafrid Strabo, *On the Cultivation of Gardens: A Ninth Century Gardening Book* (San Francisco: Ithuriel's Spear, 2009).

"有一座属于修士们的花园……"： Gregory of Tours, "The Lives of the Fathers," ca. 14 CE, in Gregory of Tours, *Lives and Miracles*, ed. and trans. Giselle de Nie, Dumbarton Oaks Medieval Library 39 (Cambridge, Mass.: Harvard University Press, 2015).

"各种各样的果树……"： 转引自Stephanie Hauschild, *Das Paradies auf Erden. Die Gärten der Zisterzienser* (Ostfildern: Jan Thorbecke Verlag, 2007) (in translation)。

索尼娅·莱索出版的关于她和帕特里斯·塔拉韦拉共同收购花园的著作： *Les jardins du prieuré Notre-Dame d'Orsan* (Arles: Actes Sud, 1999), and (with Henri Gaud) *Orsan: Des jardins d'inspiration monastique médiévale* (Arles: Editions Gaud, 2003).

"还有比五点梅花形更美丽的图形吗……"（及相关引文）： Quintilian, *The Institutio Oratoria of Quintilian*, vol. 3, trans. Harold Edgeworth Butler (Cambridge, Mass.: Harvard University Press, 1959–1963).

"香气馥郁、刚好成熟的梨子……"（及相关引文）： Ibn Butlan, *The Four Seasons of the House of Cerutti* (New York: Facts on File, 1984).

"花园四下零星散布着……"： Giovanni Boccaccio, *The Decameron* (New York: Norton, 2015).

"结满最美丽果子的最上乘的树"： 转引自 Paul A. Underwood, *The Fountain of Life in Manuscripts of Gospels* (Washington, DC: Dumbarton Oaks Papers, 1950)。

"世界是一座宏大的图书馆……"： Ralph Austen, *The Spiritual Use of an Orchard or Garden of Fruit Trees* (Oxford: Printed for Thos. Robinson, 1653).

"一座精心设计的果园就是天堂本身的缩

影……"：Stephen Switzer, *The Practical Fruit-Gardener* (London: Thomas Woodward, 1724).

"在地球上所有令人愉快的事物里……"（及下两段引文）：William Lawson, *A New Orchard and Garden* (London: n.p., 1618).

第七章　献给太阳王的梨

"我必须承认……"：Jean-Baptiste de La Quintinie, *The Complete Gard'ner: Or, Directions for Cultivating and Right Ordering of Fruit-Gardens and Kitchen-Gardens* (London: Andrew Bell, 1710).

"世上有任何麝香或琥珀的香气……"：René Dahuron, *Nouveau traité de la taille des arbres fruitiers* (Paris: Charles de Sercy, 1696) (in translation).

"苹果树是所有植物里最必要也最宝贵的……"：Charles Estienne and Jean Liebault, *L'agriculture et maison rustique* (Paris: Jacques du Puis, 1564) (in translation).

"圣诞节到来前八小时……"：转引自 Florent Quellier, *Des fruits et des hommes: L'arboriculture fruitière en Île-de-France (vers 1600–vers 1800)* (Rennes: Presses Universitaires des Rennes, 2003) (in translation)。

"一颗熟透的果子只会对健康有益……"：de La Bretonnerie, *L'école du jardin fruitier* (Paris: Eugène Onfroy, 1784) (in translation).

第八章　北上的果树

"太早摘下，味同嚼木……"：Thomas Tusser, *Five Hundred Pointes of Good Husbandrie* (London: Lackington, Allen, and Co., 1812).

"将果蔬运送到……"：转引自Susan Campbell, "The Genesis of Queen Victoria's Great New Kitchen Garden", *Garden History* 12, no.2 (Autumn 1984)。

"蔬果园不像我们的那样维护妥当……"：François de La Rochefoucauld, *A Frenchman's Year in Suffolk*, trans. Norman Scarfe (Woodbridge: Boydell Press, 2011).

"这里跟法国各处一样，葡萄藤、桃子、杏……"：转引自Sandra Raphael, *An Oak Spring Pomona: A Selection of the Rare Books on Fruit in the Oak Spring Garden Library* (Upperville, Virginia: Oak Spring Garden Library, 1990)。

关于第三任汉密尔顿公爵的信息来自：Rosalind K. Marshall, *The Days of Duchess Anne* (Edinburgh: Tuckwell Press, 2000).

关于苏格兰的果园，还可以参见：Forbes W. Robertson, "A History of Apples in Scottish Orchards" ,*Garden History* 35, no. 1 (Summer 2007).

第九章　民众的果园

关于巴黎周边果园及森林的信息来自：Florent Quellier, *Des fruits et des hommes: L'arboriculture fruitière en Île-de-France (vers 1600–vers 1800)* (Rennes: Presses Universitaires des Rennes, 2003).

"自然生长的树超越任何树……"（及相关引文）：Henri-Louis Duhamel du Monceau, *Traité des arbres fruitiers* (Paris: Jean Desaint, 1768) (in translation).

"只要条件允许，各处都应鼓励果树栽培……"（及相关引文）：转引自Rupprecht Lucke,

Robert Silbereisen, and Erwin Herzberger, *Obstbäume in der Landschaft* (Stuttgart: Ulmer, 1992) (in translation)。

"最适合沿路栽植的树……"（及相关引文）：Johann Caspar Schiller, *Die Baumzucht im Großen* (Neustrelitz: Hofbuchhandlung, 1795) (in translation).

"收成被做成苹果酒、水果干或白兰地……"（及本章中其他匿名引文）：转引自 Rupprecht Lucke et al., *Obstbäume in der Landschaft* (in translation)。

"黄昏和夜晚在那附近……"：转引自 Eric Robinson, "John Clare: 'Searching for Blackberries,'" *The Wordsworth Circle* 38, no.4 (Autumn 2007)。

"孤独的男孩们大叫喧闹……"（及相关引文）：John Clare, *The Shepherd's Calendar* (Oxford: Oxford University Press, 2014).

第十章 采樱桃

"25日我会动身前往鲁平的阿玛尔忒亚花园……"：Max Hein, ed., *Briefe Friedrichs des Grossen* (Berlin: Reimar Hobbing, 1914) (in translation).

"一群吟游诗人的歌声渐响……"：Anna Louisa Karsch, "Lob der schwarzen Kirschen," in *Auserlesene Gedichte* (Berlin: George Ludewig Winter, 1764) (in translation).

"我还有一个比较讲究的地方……"：Joseph Addison, n.t., *The Spectator*, no. 477 (September 6, 1712).

第十一章 酸到龇脸

"你是否知道那片生长着柠檬树的土地……"：Johann Wolfgang von Goethe, *Wilhelm Meister's Apprenticeship*, trans. Eric A. Blackall (Princeton: Princeton University Press, 1995).

"在这段深刻而又愉快的独处时间里……"：Jean-Jacques Rousseau, *The Confessions*, trans. J. M. Cohen (London: Penguin, 1953).

"在整个花园里，没有任何植物或树……"（及相关引文）：Jean-Baptiste de La Quintinie, *The Complete Gard'ner: Or, Directions for Cultivating and Right Ordering of Fruit-Gardens and Kitchen-Gardens* (London: Andrew Bell, 1710).

"秋日野亭千橘香"：Du Fu , *The Poetry of Du Fu* (Berlin: De Gruyter, 2016).

"尽管产地远在1 000科斯之外……"：Nuru-d-din Jahangir Padshah, *The Tuzuk-i-Jahangiri: or, Memoirs of Jahangir*, trans. Alexander Rogers, ed. H. Beveridge (first published ca. 1609; Rogers's translation published in Ghazipur: 1863; Beveridge's revised edition in London: Royal Asiatic Society, 1909).

"我不遗余力地……"（及相关引文）：Emanuel Bonavia, *The Cultivated Oranges, Lemons etc. of India and Ceylon* (London: W. H. Allen & Co., 1888).

"今天，我特意观赏了……"：转引自Carsten Schirarend and Marina Heilmeyer, *Die Goldenen Äpfel. Wissenswertes rund um die Zitrusfrüchte* (Berlin: G + H Verlag, 1996)。

"波摩娜，带我去你的柑橘园吧……"：James Thomson, *The Seasons and the Castle of Indolence* (London: Pickering, 1830).

"我们途经利莫内……"（及相关引文）：Johann Wolfgang von Goethe, *Italian Journey*, trans. W. H. Auden and Elizabeth Mayer (London: Penguin, 1970).

"我们之所以那么喜欢亲近大自然……": Friedrich Nietzsche, *Human, All Too Human* (London: Penguin, 1994).

关于尼采在意大利南部之旅的全面信息，请参见：Paolo D'Iorio and Sylvia Mae Gorelick, *Nietzsche's Journey to Sorrento: Genesis of the Philosophy of the Free Spirit* (Chicago: The University of Chicago Press, 2016).

"我的朋友，你可曾睡在……": Guy de Maupassant, "The Mountain Pool," *Original Short Stories*, vol. 13, trans. A. E. Henderson, Louise Charlotte Garstin Quesada, Albert Cohn McMaster, ed. David Widger, accessed through The Gutenberg Project, http://www.gutenberg.org/files/28076/28076-h/28076-h.htm.

第十二章　地道美国味

"乡间到处都是壮观的果园……": John Hammond, *Leah and Rachel; or, The Two Fruitfull Sisters, Virginia and Mary-Land* (London: Mabb, 1656).

"在秋天栽种了一座新的苹果园……"（及相关引文）：Hector St. John de Crèvecoeur, *Sketches of Eighteenth Century America: More Letters From an American Farmer* (New Haven: Yale University Press, 1925).

"……嫁接了五棵同样的樱桃树"：*The Diaries of George Washington*, vol. 1, 11 March 1748–13 November 1765, ed. Donald Jackson (Charlottesville: University Press of Virginia, 1976).

"最适合酿酒的苹果……"（及相关引文）：转引自Peter J. Hatch, *The Fruits and Fruit Trees of Monticello* (Charlottesville: University of Virginia Press, 1998)。

"好的果园可以让人安心……"：转引自Eric Rutkow, *American Canopy: Trees, Forests and the Making of a Nation* (New York: Scribner, 2012)。

"苹果是我们的国民水果……"：Ralph Waldo Emerson, *The Journals and Miscellaneous Notebooks of Ralph Waldo Emerson: 1848–1851* (Boston: Harvard University Press, 1975).

"苹果派是英国传统甜食……"：Harriet Beecher Stowe, *Oldtown Folks* (Boston: Fields, Osgood & Co., 1869).

"他们确实可以通过这种方式来改良苹果……"：转引自Howard Means, *Johnny Appleseed: The Man, the Myth, the American Story* (New York: Simon and Schuster, 2012)。

"一段铁路曾经从……"：Philip Roth, *American Pastoral* (Boston: Houghton Mifflin, 1997).

关于柑橘文化在美国发展历程的大部分信息出自：Pierre Laszlo, *Citrus: A History* (Chicago: University of Chicago Press, 2007)。

第十三章　无拘无束的果园

"在很多情况下，人类活动……"：Charles M. Peters, *Managing the Wild: Stories of People and Plants and Tropical Forests* (New Haven: Yale University Press 2018).

"在这片种满鲜花的园地里，蒙提祖玛不允许……"（及相关引文）：转引自Patrizia Granziera, "Concept of the Garden in Pre-Hispanic Mexico," *Garden History* 29, no.2 (Winter 2001)。

"森林从水面直直升起，好似一堵墙……"：转引自Nigel Smith, *Palms and People in the Amazon* (Cham: Springer, 2015)。下一处引文（"亚马孙丛林很多地方……"）摘自同一本书。

"伯爵下令从三四英里外找来这些树……"（及其他引用自卡斯帕·巴莱乌斯的文字）：转引自Maria Angélica da Silva and Melissa Mota Alcides, "Collecting and Framing the Wilderness: The Garden of Johan Maurits (1604–1679) in North-East Brazil," *Garden History* 30, no. 2 (Winter 2002)。

"锡兰中等海拔山坡上的这些园地有非常美妙的效果……"：Ernst Haeckel, *A Visit to Ceylon* (New York: Peter Eckler, 1883).

"超过2 000年的农耕活动……"：Karin Hochegger, *Farming Like the Forest: Traditional Home Garden Systems in Sri Lanka* (Weikersheim: Margraf Verlag, 1998).

"对僧伽罗人来说，园艺……"：John Davy, *An Account of the Interior of Ceylon and of Its Inhabitants* (London: Longman, Hurst, Rees, Orm, and Brown, 1821).

"[那棵树]非常高大，结小黄果……"：Michael Ondaatje, *Running in the Family* (New York: Vintage, 1993).

"人们用一根细绳拴住猴子的腰……"：Robert W. C. Shelford, *A Naturalist in Borneo* (London: T. F. Unwin, 1916).

第十四章　果树学绅士

"在大英领土内宣扬水果文化……"：*The Horticulturist and Journal of Rural Art and Rural Taste*, vol. 4 (Albany: L. Tucker, 1854).

"想把多种苹果嫁接到一棵树上……"（及相关引文）：Leonard Mascall, *A Booke of the Arte and Maner, Howe to Plant and Graffe all Sortes of Trees...* (London: By Henrie Denham, for John Wight, 1572).

"近距离交替种植，如果完全混在一起就更糟糕了……"（及相关引用）：Carl Samuel Häusler, *Aphorismen* (Hirschberg: C. W. J. Krahn, 1853).

"大西洋另一端……"（及相关引文）：Thomas Skip Dyot Bucknall, *The Orchardist, or, A System of Close Pruning and Medication, for Establishing the Science of Orcharding* (London: G. Nicol, 1797).

"可以获取多种有效肥料……"：William Salisbury, *Hints Addressed to Proprietors of Orchards, and to Growers of Fruit in General* (London: Longman, Hurst, Rees, Orme, and Brown, 1816).

据笔者研究，目前没有关于科尔宾安·艾格纳生平事迹的英语著作。目前唯一有渠道获得的关于其果树栽培事业的德语资源是：Peter Brenner, *Korbinian Aigner: Ein bayerischer Pfarrer zwischen Kirche, Obstgarten und Konzentrationslager* (Munich: Bauer-Verlag, 2018).

"我对果树学绅士精挑细选的名单没什么信心。"（及相关引文）：Henry David Thoreau, "Wild Apples," *The Atlantic*, November 1862.

第十五章　果园带来的感官体验

"来吧，一起欣赏日落吧……"：Rainer Maria Rilke, "Der Apfelgarten," in *Selected Poems*, trans. Albert Ernest Flemming (New York:

Routledge, 2011).

"杏子就是披着桃子外衣的李子": 转引自 Edward Bunyard, *The Anatomy of Dessert* (London: Dulau & Co., 1929)。

"有些植物学家认为桃金娘……": Vita Sackville-West, *In Your Garden* (London: Frances Lincoln, 2004).

"油橄榄树,真棘手……": 转引自Derek Fell, *Renoir's Garden* (London: Frances Lincoln, 1991)。

"给我一个苹果,我能……": 转引自Gustave Geffroy, *Claude Monet, sa vie, son temps, son œuvre* (Paris: G. Crès, 1924)。

"有些人在安息日上教堂……": Emily Dickinson, *Poems*, Mabel Loomis Todd and Thomas Wentworth Higginson, eds. (Boston: Roberts Brothers, 1890).

"我决不会错过一桩使果园生色的雅事……": William Lawson, *A New Orchard and Garden* (London: n.p., 1618).

"众多车轮的咆哮声……": John James Platt, "The Pleasures of Country Life," in *A Return to Paradise and Other Fly-Leaf Essays in Town and Country* (London: James Clarke & Co., 1891).

"米兰达在果园里睡去……": Virginia Woolf, "In the Orchard," *The Criterion* (London: R. Cobden-Sanderson, 1923).

"一年时光匆匆流逝……"(及相关引文): 转引自Anne Scott-James, *The Language of the Garden: A Personal Anthology* (New York: Viking, 1984)。

"从夏日中旬开始……": Carl Larsson, *Our Farm* (London: Methuen Children's Books, 1977).

"我认为没有任何理由将蔬果园放到……": William Cobbett, *The English Gardener* (London: A. Cobbett, 1845).

第十六章　回归水果的野性

"未来最有前途以及最重要的苹果": David Karp, "Beyond the Honeycrisp Apple," *New York Times,* November 3, 2015.

"尝过那些苹果的人说起它们时毕恭毕敬……"出现在: Clarissa Hyman, "Forbidden Fruit," *Times Literary Supplement,* December 23 and December 30, 2016.

"我的最后一拨'太阳峰'桃子将被连根拔起……": David Mas Masumoto, *Epitaph for a Peach: Four Seasons on My Family Farm* (New York: HarperCollins, 1996).

"这些石头会'出汗',在下方形成冷凝水"(及相关引文): 转引自Florianne Koechlin, *Pflanzen-Palaver. Belauschte Geheimnisse der botanischen Welt* (Basel: Lenos Verlag, 2008) (in translation)。

后记　重新开始

"人工建造一座花园……": Robert Pogue Harrison, *Gardens: An Essay on the Human Condition* (Chicago: University of Chicago Press, 2008).

"在狐蝠传播的植物中……": 转引自"Fruit Bats Are Reforesting African Woodlands," press release of the *Max Planck Society*, April 1, 2019。

延伸阅读

Attlee, Helena. *The Land Where Lemons Grow: The Story of Italy and Its Citrus Fruit.* London: Penguin, 2014.

Barker, Graeme and Candice Goucher (eds.). *The Cambridge World History. Vol. 2, A World With Agriculture, 12,000 BCE–500 CE.* Cambridge: Cambridge University Press, 2015.

Beach, Spencer Ambrose. *The Apples of New York.* Albany: J. B. Lyon, 1903.

Bennett, Sue. *Five Centuries of Women and Gardens.* London: National Portrait Gallery, 2000.

Biffi, Annamaria and Susanne Vogel. *Von der gesunden Lebensweise. Nach dem alten Hausbuch der Familie Cerruti.* München: BLV Buchverlag, 1988.

Bircher, Warda H. *The Date Palm: A Friend and Companion of Man.* Cairo: Modern Publishing House, 1995.

Blackburne-Maze, Peter and Brian Self. *Fruit: An Illustrated History.* Richmond Hill: Firefly Books, 2003.

Boccaccio, Giovanni. *The Decameron.* New York: Norton, 2014.

Brosse, Jacques. *Mythologie des arbres.* Paris: Plon, 1989.

Brown, Pete. *The Apple Orchard: The Story of Our Most English Fruit.* London: Particular Books, 2016.

Candolle, Alphonse Pyrame de. *Origin of Cultivated Plants.* New York: D. Appleton & Co., 1883.

Carroll-Spillecke, M., ed. *Der Garten von der Antike bis zum Mittelalter.* Mainz: Verlag Philipp von Zabern, 1992.

Crèvecoeur, Hector St. John de. *Letters From an American Farmer and Sketches of Eighteenth Century America: More Letters From an American Farmer.* New Haven: Yale University Press, 1925.

Daley, Jason. "How the Silk Road Created the Modern Apple." *Smithsonian.com,* August 21, 2017.

Dalley, Stephanie. "Ancient Mesopotamian Gardens and the Identification of the Hanging Gardens of Babylon Resolved." *Garden History* 21, no. 1 (Summer 1993).

Diamond, Jared. *Guns, Germs and Steel: The Fates of Human Societies.* New York: W. W. Norton, 1999.

Fell, Derek. *Renoir's Garden.* London: Frances Lincoln, 1991.

Gignoux, Emmanuel, Antoine Jacobsohn, Dominique Michel, Jean-Jacques Peru, and Claude Scribe. *L'ABCdaire des Fruits.* Paris: Flammarion, 1997.

Gollner, Adam Leith. *The Fruit Hunters: A Story of*

Nature, Adventure, Commerce and Obsession.
London: Souvenir Press, 2009.

Harris, Stephen. *What Have Plants Ever Done for Us? Western Civilization in Fifty Plants.* Oxford: Bodleian Library, 2015.

Harrison, Robert Pogue. *Gardens: An Essay on the Human Condition.* Chicago: University of Chicago Press, 2008.

Hauschild, Stephanie. *Akanthus und Zitronen. Die Welt der römischen Gärten.* Darmstadt: Philipp von Zabern, 2017.

———. *Das Paradies auf Erden. Die Gärten der Zisterzienser.* Ostfildern: Jan Thorbecke Verlag, 2007.

———. *Der Zauber von Klostergärten.* München: Dort-Hagenhausen-Verlag, 2014.

Hegazy, Ahmad and Jon Lovett-Doust. *Plant Ecology in the Middle East.* Oxford: Oxford University Press, 2016.

Hehn, Victor. *Cultivated Plants and Domesticated Animals in Their Migration From Asia to Europe.* London: Swan Sonnenschein & Co., 1885.

Heilmeyer, Marina. *Äpfel fürs Volk: Potsdamer Pomologische Geschichten.* Potsdam: vacat verlag, 2007.

———. *Kirschen für den König: Potsdamer Pomologische Geschichten.* Potsdam: vacat verlag, 2008.

Hirschfelder, Hans Ulrich, ed. *Frische Feigen: Ein literarischer Früchtekorb.* Frankfurt am Main: Insel Verlag, 2000.

Hobhouse, Penelope. *Plants in Garden History: An Illustrated History of Plants and Their Influences on Garden Styles—From Ancient Egypt to the Present Day.* London: Pavilion, 1992.

Hochegger, Karin. *Farming Like the Forest: Traditional Home Garden Systems in Sri Lanka.* Weikersheim: Margraf Verlag, 1998.

Horn, Walter and Ernest Born. *The Plan of St. Gall: A Study of the Architecture and Economy of, and Life in a Paradigmatic Carolingian Monastery.* Berkeley and Los Angeles: University of California Press, 1979.

Janson, H. Frederic. *Pomona's Harvest: An Illustrated Chronicle of Antiquarian Fruit Literature.* Portland: Timber Press, 1996.

Jashemski, Wilhelmina F. *The Gardens of Pompeii: Herculaneum and the Villas Destroyed by Vesuvius.* New Rochelle, New York: Caratzas Brothers Publishers, 1979.

Juniper, Barrie E. and David J. Mabberley. *The Story of the Apple.* Portland: Timber Press, 2006.

Klein, Joanna. "Long Before Making Enigmatic Earthworks, People Reshaped Brazil's Rain Forest." *The New York Times,* February 10, 2017.

Küster, Hansjörg. *Geschichte der Landschaft in Mitteleuropa: Von der Eiszeit bis zur Gegenwart.* Munich: C. H. Beck, 1995.

Larsson, Carl. *Our Farm.* London: Methuen Children's Books, 1977.

Laszlo, Pierre. *Citrus: A History.* Chicago: University of Chicago Press, 2007.

Lawton, Rebecca. "Midnight at the Oasis." *Aeon,* November 6, 2015.

Lucke, Rupprecht, Robert Silbereisen, and Erwin Herzberger. *Obstbäume in der Landschaft.* Stuttgart: Ulmer, 1992.

Lutz, Albert, ed. *Gärten der Welt: Orte der Sehnsucht*

und Inspiration. Museum Rietberg Zürich. Cologne: Wienand Verlag, 2016.

Mabey, Richard. *The Cabaret of Plants: Botany and the Imagination.* London: Profile Books, 2015.

Martini, Silvio. *Geschichte der Pomologie in Europa.* Bern: self-pub., 1988.

Masumoto, David Mas. *Epitaph for a Peach: Four Seasons on My Family Farm.* New York: Harper-Collins, 1996.

Mayer-Tasch, Peter Cornelius and Bernd Mayerhofer. *Hinter Mauern ein Paradies: Der mittelalterliche Garten.* Frankfurt am Mainund Leipzig: Insel Verlag, 1998.

McMorland Hunter, Jane and Chris Kelly. *For the Love of an Orchard: Everybody's Guide to Growing and Cooking Orchard Fruit.* London: Pavilion, 2010.

McPhee, John. *Oranges.* New York: Farrar, Straus & Giroux, 1967.

Müller, Wolfgang. *Die Indianer Amazoniens: Völker und Kulturen im Regenwald.* Munich: C. H. Beck, 1995.

Nasrallah, Nawal. Dates: *A Global History.* London: Reaktion Books, 2011.

Palter, Robert. *The Duchess of Malfi's Apricots and Other Literary Fruits.* Columbia: The University of South Carolina Press, 2002.

Pollan, Michael. *The Botany of Desire: A Plant's-Eye View of the World.* New York: Random House, 2001.

Potter, Jennifer. *Strange Bloom:* The Curious Lives and Adventures of the John Tradescants. London: Atlantic Books, 2008.

Quellier, Florent. *Des fruits et des hommes:*

L'arboriculture fruitière en Île-de-France (vers 1600–vers 1800). Rennes: Presses Universitaires des Rennes, 2003.

Raphael, Sandra. *An Oak Spring Pomona: A Selection of the Rare Books on Fruit in the Oak Spring Garden Library.* Upperville, Virginia: Oak Spring Garden Library, 1990.

Roach, Frederick A. *Cultivated Fruits of Britain: Their Origin and History.* London: Blackwell, 1985.

Rosenblum, Mort. *Olives: The Life and Lore of a Noble Fruit.* Bath: Absolute Press, 2000.

Rutkow, Eric. *American Canopy: Trees, Forests and the Making of a Nation.* New York: Scribner, 2012.

Sackville-West, Vita. *In Your Garden.* London: Francis Lincoln, 2004.

——. *Passenger to Teheran.* London: Hogarth Press, 1926.

Schermaul, Erika. *Paradiesapfel und Pastorenbirne. Bilder und Geschichten von alten Obstsorten.* Ostfildern: Jan Thorbecke Verlag, 2004.

Scott, James C. *Against the Grain: A Deep History of the Earliest States.* New Haven: Yale University Press, 2017.

Scott-James, Anne. *The Language of the Garden: A Personal Anthology.* New York: Viking, 1984.

Selin, Helaine, ed. *Encyclopedia of the History of Science, Technology, and Medicine in Non-Western Cultures.* Dordrecht: Springer Science+Business Media, 1997 (entry by Georges Métailié: "Ethnobotany in China," p. 314).

Sitwell, Osbert. *Sing High! Sing Low! A Book of Essays.* London: Gerald Duckworth & Co., 1943.

Smith, J. Russell. *Tree Crops: A Permanent Agriculture.*
New York: Harcourt, Brace and Company, 1929.

Smith, Nigel. *Palms and People in the Amazon.* Cham:
Springer, 2014.

Sutton, David C. Figs: *A Global History.* London: Reaktion
Books, 2014.

Sze, Mai-mai, ed. *The Mustard Seed Garden Manual of
Painting.* Princeton: Princeton University Press, 1978.

Thoreau, Henry David. "Wild Apples." *The Atlantic,*
November 1862.

———. *Wild Fruits.* ed. Bradley Dean. New York: Norton,
2001.

Young, Damon. *Philosophy in the Garden.* Victoria:
Melbourne University Press, 2012.

Zohary, Daniel and Maria Hopf. *Domestication of Plants
in the Old World: The Origin and Spread of Cultivated
Plants in West Asia, Europe and the Nile Valley.* Oxford:
Oxford University Press, 2000.

插图来源

已尽最大努力追溯本书中图像资料的准确版权来源。出版社若接获指正，将于再版时更正错误及遗漏信息。如无特别说明，本书中的无版权资料皆出自作者私藏或扫描于由数位古董书商提供的藏品。

扉页后页 《果园》（"Der Obstgarten"）。Johann Michael Voltz from Zwölf Blätter Kinder-Bilder zur Unterhaltung und mündlichen Belehrung. Nuremberg: G. N. Renner, 1823.

目录页 装饰图案。J. Huyot from Jacques-Henri Bernardin de Saint-Pierre, Paul et Virginie. Paris: Librairie Charles Tallandier, ca. 1890.

目录后页 《持橙子的女子》，彼得·赫尔曼兹·韦雷斯特，1653年。

3 牛油果插图，皮埃尔-约瑟夫·雷杜德（1759—1840）。

7 马达加斯加桃子丰收图景，弗兰克·费勒，19世纪晚期/20世纪早期。Neil Baylis / Alamy Stock Photo.

8 《健康全书》中的酸苹果插图，14世纪末意大利版。

10 持苹果的猴子插图。Carl Friedrich Lauckhard, Orbis Pictus: Bilderbuch zur Anschauung und Belehrung. Leipzig: Verlag Voigt & Günther, 1857. With kind permission from Antiquariat Haufe & Lutz, www.haufe-lutz.de.

11 《健康全书》中的樱桃树插图，14世纪末意大利版。

12 柑橘属水果插图。Elizabeth Twining, *Illustrations of the Natural Order of Plants*. London: Sampson Low, Son, and Marston, 1868.

14 无花果插图。Elizabeth Blackwell from *A Curious Herbal: Containing Five Hundred Cuts, of the Most Useful Plants, Which Are Now Used in the Practice of Physick Engraved on Folio Copper Plates, After Drawings Taken From Life*. London: Printed for Samuel Harding, 1737–1739. Biodiversity Heritage Library.

16 伊朗石榴丰收图景，IRNA。

19 油橄榄插图。Henri Louis Duhamel du Monceau, *Traité des arbres et arbustes, Nouvelle edition*. Paris: Michel & Bertrand, 1800–1819.

20 《明天——又是新的一天》。Sigrid Köhler and Hanns Reich, Die Kanarischen Inseln. Munich: Hanns Reich Verlag, 1960.

22 水边的骆驼插图。明信片，来源不详。

24 蓝耳丽椋鸟插图。F. G. Hemprich and C. G. Ehrenberg, *Symbolae physicae, seu, icones et descriptiones corporum naturalium novorum aut minus cognitorum, Pars zoologica I (Avium)*. n.p.: Berolini, 1828.

26 海枣树插图。M. E. Descourtilz, *Flore pittoresque et médicale des Antilles*. Paris: Pichard, 1821–1829.

28 利比亚盖达米斯的温泉插图。Alfred Oestergaard, ed., *Welt und Wissen*. Berlin: Peter J. Oestergaard, 1931.

30 装饰图案。J. Huyot from Jacques-Henri Bernardin de Saint-Pierre, *Paul et Virginie*. Paris: Librairie Charles Tallandier, ca. 1890.

31 细节图。J. B. P. A. de Monet de Lamarck and J. L. M. Poiret, *Recueil de planches de botanique de l'encyclope die*. Paris: Mme. Veuve Agasse, 1823.

32 印度德干高原上的果园插图，印度，约1685年。

35 索贝克霍特普市长墓（约公元前1400年）遗址出土的池塘与花园图。当代摄影作品。D. Johannes, Deutsches Archäologisches Institut.

36 赫努姆霍泰普二世法老墓（约公元前1950年）遗址出土的无花果采摘者图，图中无花果树上有狒狒。复刻图。Nina de Garis Davies, 1936, British Museum.

42 园丁正在操作沙杜夫，伊普墓，公元前1250年。

44/45 位于摩洛哥古城马拉喀什的果园围墙。当代摄影作品。Jerzy Strzelecki, Wikimedia Commons, CC BY-SA 3.0.

46 摩洛哥坚果树上的白色山羊，拍摄于摩洛哥索维拉。Oleg Breslavtsev / Alamy Stock Photo.

50 《果园里》，亨利·赫尔伯特·拉坦格，1893年。Wikimedia Commons.

52 哈萨克斯坦境内天山山脉中的野苹果树鲜花怒放。当代摄影作品。Ryan T. Bell.

54/55 埃及骆驼队伍穿越橄榄山，1918年。Library of Congress, LC-m34-ART-210.

57 《苹果园》，卡尔·拉森，20世纪早期。

58 不同品种的苹果插图，巴提·兰利，《果树女神波摩娜》。London: Printed for G. Strahan, 1729.

62 古希腊城邦维奥蒂亚一座运动员墓碑上的细节，约公元前550年。Friedrich Muthmann, *Der Granatapfel: Symbol des Lebens der Alten Welt*. Bern: Office du livre, 1982.

66 泰奥弗拉斯特的线雕肖像画。Wellcome Library no. 9139i, CC BY-4.0.

69 呈现果树嫁接活动的马赛克镶嵌画细节图，法国圣罗曼昂加勒，约公元200–225年。

72 罗马莉薇娅别墅内的壁画，公元1世纪。Museo delle Terme, Rome/Scala.

73 樱桃插图。Johann Hermann Knoop, *Fructologia*. Leeuwarden: Abraham Ferwerda, 1758–1763.

74/75 时序女神降临在古希腊阿提卡陶艺家索奥夏斯制作的陶碗上，约公元前500年。

76 意大利庞贝古城的考古遗址与花园照片，背景为维苏威火山。Markéta Machová, CC BY-3.0, Wikimedia Commons.

78 小普林尼的版画人像。

79 展现橄榄丰收场景的希腊水壶纹样，公元前6世纪。

80 酒神巴克斯的铜版画。 Crispijn de Passe the Elder (1565–1637).

82 欣顿圣玛丽村发现的马赛克装饰画，英国多塞特郡，4世纪。Granger Historical Picture Archive / Alamy Stock Photo.

84 《苹果树下的圣母与圣子》，老卢卡斯·克拉纳赫，16世纪30年代。Hermitage Museum. Wikimedia Commons, CCO 1.0.

87 圣沃尔布加修道院插图，德国艾希施泰特。19世纪中期明信片。

90 瓦茨拉夫四世国王版《圣经》中的果园插图，14世纪。

93 《健康全书》中的蜂巢插图，14世纪末期。

95 《玫瑰传奇》的插图，15世纪。

99 《黄金时代》老卢卡斯·克拉纳赫，约1530年。National Museum of Art, Architecture and Design, Norway. Wikimedia Commons.

102 欧楂果实插图。Jacques Le Moyne de Morgues, 1575.

106 太阳插图。Frankfurt am Main: Bauersche Giesserei, ca. 1900.

108 不同品种的梨子插图，1874。*Flore des Serres et des Jardins de l'Europe (Flowers of the Greenhouses and Gardens of Europe)*, a horticultural journal published in Ghent, Belgium, by Louis van Houtte and Charles Lemaire.

112 "好基督徒"梨插图。Alexandre Bivort, ed., Annales de pomologie belge et étrangère. Bruxelles: F. Parent, 1853.

14/117/120 《园丁全书》，拉·昆提涅。London: Printed for M. Gillyflower, 1695.

121 水果篮插图。Vignetten. Frankfurt am Main: Bauersche Giesserei, ca. 1900.

122 英国萨塞克斯郡西迪安花园内的桃树种植房。当代摄影作品。Jane Billinghurst.

124 法国一座果园内采摘苹果的场景插图。Piero de Crescenzi from *Des profits ruraux des champs*, 1475.

126/127 《赫尔明厄姆草药志及动物寓言集》，16世纪早期。With kind permission from Yale Center for British Art, Paul Mellon collection.

128 不同品种的梨子插图。Johann Hermann Knoop from *Pomologia, das ist Beschreibungen und Abbildungen der besten Sorten der Aepfel und Birnen*. Nuremberg: Seligmann, 1760.

130 约翰·赫尔曼·努普插图。*Pomologia, das ist Beschreibungen und Abbildungen der besten Sorten der Aepfel und Birnen*. Nuremberg: Seligmann, 1760.

131 装饰图案。Thomas Hill, *The Gardener's Labyrinth*. London: Henry Bynneman, 1577.

132 荷兰斯赫拉弗兰村的蛇形果树墙。A. J. van der Wal, Rijksdienst voor het Cultureel Erfgoed. Wikimedia Commons, CC BY-SA 4.0.

133 蒙特勒伊小镇的果园围墙。20世纪早期明信片。

134 《苹果园》细节图，罗伯特·沃克·麦克贝斯，1890年。Artiz / Alamy Stock Photo.

137 描绘德国水果小贩的彩色铜版画，约1840年。

138 1837年的班贝格小镇图景。Leopold Beyer, *Romantische Reise durch das alte Deutschland: Topographikon*. Hamburg: Verlag Rolf Müller, 1969.

140 《大地寓言》，老亨德里克·凡·巴伦和老让·布吕格尔，1611年。Musée Thomas Henry, Cherbourg, France. Wikimedia Commons.

143 斯图加特火车站版画，R.马恩，1899年。

144 苹果小贩版画，路德维希·里希特，19世纪末期。

146 《圣日耳曼昂莱地区的梯田》（法国），阿尔弗雷德·西斯莱，1875年。Walters Art Museum, 37.992. Wikimedia Commons, CC BY-SA 3.0.

149 《索拉的胡桃树》（丹麦），约阿基姆·斯科夫高，1883年。Aarhus Kunstmuseum no. 152. Wikimedia Commons.

150 《邻家花园里的樱桃》（"Die Kirschen in Nachbars Garten"）曲谱封面图，维克多·霍兰德尔，柏林，约1895年。

153 不同品种的樱桃插图。*Meyers Konversations-Lexikon*. Leipzig and Vienna: Bibliographisches Institut, 1896.

154 樱桃树插图。Ulrich Völler zu Gell-hausen from *Florilegium*. Frankfurt am Main: Moritz Weixner, 1616.

155 樱桃插图。Johann Hermann Knoop, *Fructologia*. Leeuwarden: Abraham Ferwerda, 1758–1763.

157 版画，路德维希·里希特，19世纪。

158 杂志封面插图。Resimli Mecmua (magazine in Ottoman Turkish). Mahmut Bey Matbaası (Mahmut Bey Publishing): Istanbul, ca. 1925.

160 地中海风情画，弗里德里克·雨果·达莱西，约1895年。

163 柠檬插图，乌利塞·安德罗万迪（1522—1605）。

164 柑橘属水果插图。*Allgemeines Teutsches Garten Magazin*, 1816.

167 《春夜宴桃李园图》（中国），冷枚（1677—1742）。

169 十竹斋画谱，中国，约1633年。

170 插图。Arturo Ballestero for Zumos Jornet (Jornet juices), Carcagente, Spain, 1929.

173 《巨型科斯塔柠檬》，约翰·克里斯托夫·福尔克默。Nürnbergische Hesperides. Nuremberg: Johann Andreä Endters seel. Sohn & Erben, 1708–1714.

174 意大利加尔达湖地区的柑橘园插图。With kind permission of www.goethezeitportal.de.

176/177 《橙树下》，维尔日妮·德蒙–布雷顿，时间不详。

178 《加州——世界丰饶之角》，1883年。Pictorial Press Ltd / Alamy Stock Photo.

181 弗吉尼亚州仙纳度国家公园内，位于李高速公路旁一个售卖苹果酒和苹果的摊位。摄影作品。Arthur Rothstein, 1935. Library of Congress, LC-USF33-002196-m3.

182 弗吉尼亚州仙纳度国家公园内的尼科尔森山谷，果农将苹果铺开晾晒。摄影作品。Arthur Rothstein, 1935. Library of Congress, LC-USF34-000361-D.

184/185 《秋日美国家园》。版画。Currier and Ives, 1868/1869.

187 科罗拉多州德尔塔县，工人将一箱箱桃子运出果园送往运输棚。摄影作品。Lee Russell, 1940. Library of Congress, LC-USF33-012890-M2.

190 吉尔伯特果园的促销海报，克拉格·D.吉尔伯特，20世纪50年代初。

191 博特纳夫人的地窖内部，位于俄勒冈州马卢尔县尼萨高地。摄影作品。Dorothea Lange, 1939. Library of Congress, LC-USF34-021432-e.

193 加州南部橙子丰收景象。20世纪早期明信片。

195 来自佛罗里达的一车葡萄柚。20世纪早期明信片。

198 南亚丛林插图。Hermann Wagner, *Naturgemälde der ganzen Welt*. Esslingen: Verlag von J. F. Schreiber, 1869.

200 番木瓜插图。George Meister, *Der Orientalisch-Indianische Kunst-und Lust-Gärtner*. Dresden: Meister, 1692.

202 爬棕榈树的男孩插图。J. Huyot from Jacques-Henri Bernardin de Saint-Pierre, *Paul et Virginie*. Paris: Librairie Charles Tallandier, ca. 1890.

203 红吼猴插图。*Das Buch der Welt*. Stuttgart: Hoffmann'sche Verlags-Buchhandlung, 1858.

205 热带水果插图。*Meyers Konversations-Lexikon*. Leipzig and Vienna: Bibliographisches Institut, 1896.

207 香蕉插图。George Meister, *Der Orientalisch-Indianische Kunstund Lust-Gärtner*. Dresden: Meister, 1692.

210 斯里兰卡康提附近的一座格瓦塔花园。当代摄影作品。Sarath Ekanayake.

213 果树种植园内的劳动场景，位于今巴西里约热内卢附近。André Thevet, *Les singularitez de la France antarctique*. Paris: Chez les heritiers de Maurice de la Porte, 1558.

214 彩色平版印画。W. Koehler after Ernst Haeckel's 1882 painting depicting virgin forest at the Blue River, Kelany-Ganga, Ceylon (now Sri Lanka) from Ernst Haeckel, *Wanderbilder: Die Naturwunder der Tropenwelt*. Ceylon und Insulinde. Gera: Koehler, 1906.

216/217 凤梨与牛油果插图。J. Huyot from Jacques-Henri Bernardin de Saint-Pierre, *Paul et Virginie*. Paris: Librairie Charles Tallandier, ca. 1890.

218 野苹果插图，密苏里州派克县鲍灵格林市，1914年。The U.S. Department of Agriculture Pomological Watercolor Collection. Rare and Special Collections, National Agricultural Library, Beltsville, MD.

220 丰收时节的花园景象。Eduard Walther, *Bilder zum ersten Anschauungs-unterricht für die Jugend*. Esslingen bei Stuttgart: Verlag von J. F. Schreiber, ca. 1890.

223 不同品种的无花果插图。George Brookshaw, *Pomona Britannica*. London: Longman, Hurst, 1812.

225 科尔宾安·艾格纳肖像。With kind permission of TUM. Archiv, Technical University Munich.

226 科尔宾安·艾格纳与神学院同学合影，约1910年。With kind permission of TUM. Archiv, Technical University Munich.

228 科尔宾安·艾格纳所培育的KZ-3苹果又称"科尔宾安"苹果插图。With kind permission of TUM. Archiv, Technical University Munich.

230 《苹果花》（又名《春》）细节图，约翰·埃弗里特·米莱斯，约1856—1859

年。Lady Lever Art Gallery, Liverpool. Wikimedia Commons.

233 《果园里》细节图，詹姆斯·格思里爵士，1885/1886年。Scottish National Gallery, purchased jointly by the National Galleries of Scotland and Glasgow Life with assistance from the National Heritage Memorial Fund and the Art Fund, 2012. Wikimedia Commons.

235 油橄榄园主题画作，文森特·凡·高，1889/1890年。Museum of Modern Art, New York (above: f712, below: f655). Wikimedia Commons.

236 《恋人》，皮埃尔－奥古斯特·雷诺阿，1875年。National Gallery, Prague, Czech Republic, no. o 3201. Wikimedia Commons.

239 《撑阳伞的女子》，路易·卢米埃尔，1907年。

241 《摘苹果的人》细节图，弗雷德里克·摩根，1880年。Wikimedia Commons.

243 《果园里》细节图，埃德蒙德·查尔斯·塔贝尔，1891年。Terra Foundation for American Art, Daniel J. Terra Collection. Wikimedia Commons.

245 《苹果丰收》细节图，卡米耶·毕沙罗，1888年。The Dallas Museum of Art. Wikimedia Commons.

246/247 《孩童绕圈嬉戏》，迈尔斯·伯基特·福斯特，19世纪。Bonhams (auctioneer). Wikimedia Commons, CCO 1.0.

248 《摘苹果》，复古明信片，来源不详。

251 采摘苹果照片。From the collection and with kind permission of Maureen Malone, www. frogtopia.com.au.

252/253　果园建造场景插图。Thomas Hill, *The Gardener's Labyrinth*. London: Henry Bynneman, 1577.

255　奥塔肯特一座果园中的石榴，照片摄于土耳其博德鲁姆附近。当代摄影作品。

258　肯特郡一座果园内的羊群。Kent Downs Area of Outstanding Natural Beauty, www.kentdowns.org.uk.

262　石巢蜂箱照片。当代摄影作品。Ruth Hartnup. Wikimedia Commons, CC BY 2.0.

263　版画，路德维希·里希特，19世纪。

264　希腊桃子丰收景象。Jochen Moll from Herbert Otto and Konrad Schmidt, *Stundenholz und Minarett*. Berlin: Verlag Volk und Welt, 1960.

269　果蝠照片。With kind permission of Christian Ziegler, https://christianziegler.photography.

270/271　摘水果的女子插图。*Vignetten*. Frankfurt am Main: Bauersche Giesserei, ca.1900.

272　各种果树插图。Adolphe Philippe Millot, *Nouveau Larousse Illustré*. Paris: Librairie Larousse, 1933.

286　果树种植园内的劳动场景，位于今巴西里约热内卢附近。André Thevet, *Les singularitez de la France antarctique. Paris*: Chez les heritiers de Maurice de la Porte, 1558.

292　一家人搬运水果版画。*Vignetten*. Frankfurt am Main: Bauersche Giesserei, ca. 1900.

294　桃子插图。Charles Mason Hovey, *The Fruits of America*. New York: D. Appleton, 1853.

305　木刻版画。*The Crafte of Graffyng and Plantynge of Trees*. Westminster: Hans Weineke, ca. 1520.

306/307　《橙树间》，华金·索罗拉，1903年。Courtesy digital archive of Blanca Pons-Sorolla (original in the National Museum of Fine Arts of Havana, Cuba).

译名对照表

Abbey of Saint Walburga 圣沃尔布加修道院

Abd al-Mu'min (caliph of the Almohad Empire) 阿卜杜勒-穆敏（穆瓦希德王朝哈里发）

Addison, Joseph 约瑟夫·艾迪生

Aegean region 爱琴海地区

Aegle (nymph) 埃格勒（女神）

Aigner, Korbinian 科尔宾安·艾格纳

Aiton, John Townsend 约翰·汤森·艾顿

Albert of Saxony (duke) 萨克森的阿尔贝特（公爵）

Alcinous 阿尔喀诺俄斯

Aldrovandi, Ulisse 乌利塞·安德罗万迪

Allimant-Verdillon, Anne 安妮·阿利芒-维尔狄永

Ani (ancient Egyptian) 阿尼（古埃及人）

Antonio Vaz island; Mauritsstad (former capital of Dutch Brazil) 安东尼奥瓦兹岛；毛里求斯城（荷兰殖民巴西时期曾作为首都）

Archimedes 阿基米德

Arcimboldo, Giuseppe 朱塞佩·阿尔钦博托

Arethusa (nymph) 阿瑞图萨（女神）

Armand, Louis (Baron de Lahontan) 路易·阿尔芒（拉翁唐男爵）

Arnegger, Joachim 约阿希姆·阿尔内格

Ashurbanipal (king of the Neo-Assyrian Empire) 亚述纳西帕（新亚述帝国国王）

Asia Minor 小亚细亚

Assurnasirpal II (king of the Assyrian Empire) 亚述纳西帕二世（亚述帝国国王）

Assyria: Nimrud; Nineveh 亚述都城：尼姆鲁德；尼尼微

Attlee, Helena 海伦娜·阿特利

Augustus (Roman emperor) 奥古斯都大帝（罗马皇帝）

Austen, Ralph 拉尔夫·奥斯汀

Australia 澳洲

Austria: Krameterhof; Ötz Valley 奥地利：克拉梅特霍夫果园；厄茨山谷

Avignon 阿维尼翁

Babylon (capital of Babylonia) 巴比伦（古巴比伦王国首都）

Bahrain 巴林岛

Barlaeus, Caspar 卡斯帕·巴莱乌斯

Bartlett, Enoch 埃诺克·巴特利特

Benedict XII (pope) 本笃十二世（教皇）

Benedictines (monastic order) 本笃会（天主教修会）

Bengal 孟加拉

Berkeley, William 威廉·伯克利

Bimbi, Bartolomeo 巴托洛梅奥·宾比

Boccaccio, Giovanni　乔万尼·薄伽丘

Bonavia, Emanuel　埃马努埃尔·博纳维亚

Bonnel, Pierre　皮埃尔·博内尔

Boren, Sun　宋伯仁

Brazil　巴西

Brenner, Albert　阿尔贝特·布伦纳

British Isles　不列颠群岛

Brookshaw, George　乔治·布鲁克肖

Brueghel, Jan (the Elder)　（老）让·布吕
格尔

Bucknall, Thomas Skip Dyot　托马斯·斯基
普·迪奥特·巴克纳尔

Callander, Earl of　卡兰德伯爵

Cambodia　柬埔寨

Canada: British Columbia; Kelowna, British
Columbia; Kingston, Ontario; Vancouver,
British Columbia　加拿大：不列颠哥伦
比亚省；基洛纳市，不列颠哥伦比亚
省；金斯顿市，安大略省；温哥华市，
不列颠哥伦比亚省

Cape Verde Islands　佛得角群岛

Cassatt, Mary　玛丽·卡萨特

Cato the Elder　老加图

Caucasus　高加索地区

Central America　中美洲

Central Europe　中欧

Cerruti, House of　切鲁蒂府

Cézanne, Paul　保罗·塞尚

Chaffey, George　乔治·查菲

Chapman, John　约翰·查普曼

Charigot, Aline　艾琳·沙利戈

Charlemagne　查理曼大帝

Chekhov, Anton　安东·契诃夫

Childe, Vere Gordon　维尔·戈登·柴尔德

China; Jiangnan; Wenzhou, Zhejiang; Wujin; Zhi
Garden or Garden of Repose 中国；江南
地区；浙江省温州市；武进城；止园

Christoph, Duke of Württemberg　维滕贝格大
公克里斯托夫

Cila, Ali　阿里·吉拉

Clare, John　约翰·克莱尔

Clavijo, Ruy González de 罗·哥泽来滋·克
拉维约

Cleveland, Grover　格罗弗·克利夫兰

Cloisters, The (New York)　（纽约）大都会
博物馆的修道院分馆

Cobb, Richard　理查德·科布

Cobbett, William　威廉·科贝特

Cochinchina　交趾支那

Columella, Lucius Junius Moderatus　卢修
斯·朱尼厄斯·莫德拉图斯·科卢梅拉

Cortés, Hernán　埃尔南·科尔特斯

Cosimo III, Grand Duke of Tuscany　托斯卡纳
大公科西莫三世

Cranach, Lucas (the Elder)　（老）卢卡斯·克
拉纳赫

Crèvecoeur, Hector St. John de　埃克托尔·圣
约翰·德克雷弗克

Crimea　克里米亚半岛

Currier, Nathaniel, and James Ives (Currier and
Ives)　纳撒尼尔·柯里尔和詹姆斯·艾
夫斯（柯里尔和艾夫斯版画公司）

Cyprus　塞浦路斯岛

Dahuron, René　勒内·达于龙

克什米尔

Ipuy 伊普

Iran: Elburz; Pasargadae (ancient Persia) 伊
朗：厄尔布尔士山脉；帕萨尔加德（古
波斯帝国）

Iraq: Baghdad; Mosul 伊拉克：巴格达；摩
苏尔

Ireland: Ardgillan Castle 爱尔兰：阿吉兰城堡

Israel: Ami'ad; Dead Sea; Gesher Benot
Ya'aqov; Jordan (valley); Sea of Galilee
以色列：阿米亚德；死海；雅各布女儿
桥；约旦（河谷）；加利利湖

Italy: Bolzano (Bozen); Castello; Florence;
Garda, Lake; Herculaneum; Laurentum;
Limone (Lake Garda); Livia, Villa di; Orto
dei Frutti Dimenticati (Garden of Forgotten
Fruits, Pennabilli); Ostia; Pennabilli;
Pompeii; Sardinia; Sicily; Sorrento;
South Tyrol; Tusculum (Tuscany); Udine;
Unterganzner; Vesuvius 意大利：博尔
扎诺（博岑）；卡斯泰洛；佛罗伦萨；
加尔达湖；赫库兰尼姆；劳伦图姆；利
莫内（加尔达湖地区）；莉薇娅别墅；
遗忘之果花园（彭纳比利市）；奥斯蒂
亚；彭纳比利；庞贝；撒丁岛；西西里
岛；索伦托半岛；蒂罗尔州南部；图斯
库卢姆（托斯卡纳区）；乌迪内；翁特
甘茨纳；维苏威火山

Ivory Coast 科特迪瓦共和国

Jacobsohn, Antoine 安托万·雅各布松

Jahangir (Mughal emperor) 贾汗季（莫卧儿
帝国皇帝）

Jashemski, Wilhelmina F. 威廉敏娜·F. 亚舍
夫斯基

Jenifer, Major 詹尼弗少校

Jordan (country) 约旦（国家）

Juniper, Barrie E. 巴里·E.朱尼珀

Karsch, Anna Louisa 安娜·路易莎·卡尔施

Kazakhstan: Dzungar Alatau 哈萨克斯坦：
阿拉套山

Kenya 肯尼亚

Khnumhotep II 赫努姆霍泰普二世法老

Kircher, Athanasius 阿塔纳修斯·基歇尔

Knight, Thomas Andrew 托马斯·安德鲁·
奈特

Knoop, Johann Hermann 约翰·赫尔曼·努普

Kuwait 科威特

Laertes (Odysseus's father) 拉厄耳忒斯（奥
德修斯之父）

Lahontan, Baron de (Louis Armand) 拉翁唐
男爵（路易·阿尔芒）

Lake Constance 博登湖

Langley, Batty 巴提·兰利

La Quintinie, Jean-Baptiste de 让-巴蒂斯
特·德·拉·昆提涅

La Rochefoucauld, François duc de 弗朗索
瓦·德·拉罗什富科

Larsson, Carl 卡尔·拉森

Lawson, William 威廉·劳森

Leng Mei 冷枚

Le Normand, Louis 路易·勒诺尔芒

Le Nôtre, André 安德烈·勒诺特

Lesot, Sonia 索尼娅·莱索

Libya: Ghadames 利比亚：盖达米斯

Liebault, Jean 让·利埃博

Lindsay, William, 18th Earl of Crawford 威廉·林赛，第十八代克劳福德伯爵

Lovett-Doust, Jon 乔恩·洛维特-道斯特

Lucullus, Licinius (Roman general) 李锡尼·卢库鲁斯（罗马将军）

Luelling, Henderson 亨德森·吕林

Lumière, Louis 路易·卢米埃尔

Mabberley, David J. 戴维·J. 马伯利

Macbeth, Robert Walker 罗伯特·沃克·麦克贝斯

Magnus, Albertus 大阿尔伯图斯

Marcus Porcius Cato (Cato the Elder) 马库斯·波尔基乌斯·加图（老加图）

Marshall, Rosalind 罗莎琳德·马歇尔

Martino, Maestro 马蒂诺大师

Mascall, Leonard 莱昂纳德·马斯科尔

Masumoto, David Mas 戴维·马斯·增本

Maupassant, Guy de 居伊·德·莫泊桑

Maurice, John, Prince of Nassau-Siegen 约翰·莫里斯，拿骚-锡根亲王

Maurits, Johan 约翰·毛里茨

Mayr, Josephus 约瑟夫斯·迈尔

Medici (dynasty) 美第奇（王朝）

Medici, Cardinal Leopold de' 红衣主教莱奥波德·德·美第奇

Mediterranean 地中海

Meek, William 威廉·米克

Mesopotamia (ancient): Dur-Sharrukin; Euphrates (valley and river); Nimrud; Tigris; Ur 美索不达米亚（古文明）：杜尔-沙鲁金；幼发拉底（河谷和河流）；尼姆鲁德；底格里斯河；乌尔

Mexico: Huastepec (Oaxtepec) 墨西哥：瓦兹特佩克

Meysenbug, Malwida von 玛尔维达·冯·梅森布格

Middle East 中东

Milton, John 约翰·弥尔顿

Missionaries of the Precious Blood 宝血传教士天主教会

Mithridates VI (ruler of the Kingdom of Pontus) 米特拉达梯六世（本都王国国王）

Monceau, Henri-Louis Duhamel de 亨利-路易·迪阿梅尔·德·蒙索

Montenegro 黑山共和国

Morgan, Frederick 弗雷德里克·摩根

Morocco: Agdal (near Marrakesh); Essaouira; High Atlas; Marrakesh; Ourika valley; Tangier 摩洛哥：阿格达勒花园（马拉喀什附近）；索维拉；高阿特拉斯山脉；马拉喀什；奥里卡山谷；丹吉尔

Morton, Julius Sterling 朱利叶斯·斯特林·莫顿

Muffet, Thomas 托马斯·穆费特

Neanderthals 尼安德特人

Netherlands:'s-Graveland 荷兰：斯赫拉弗兰村

Nietzsche, Friedrich 弗里德里希·尼采

Niger 尼日尔

North Africa 北非

Norway: Sognefjord　挪威：松恩峡湾

Nukarribu (Assyrian gardener)　亚述王国的园丁

Oberdieck, Johann Georg Conrad　约翰·格奥尔格·康拉德·奥伯迪克

Oman　阿曼

Ondaatje, Michael　迈克尔·翁达杰

Orient　东方

Palmer, John, 4th Earl of Selborne　约翰·帕尔默，第四代塞尔伯恩伯爵

Peters, Charles M.　查尔斯·M.彼得斯

Phaeacians (mythological ancient people)　费阿刻斯人（古希腊神话作品中出现的民族）

Pissarro, Camille　卡米耶·毕沙罗

Platt, John James　约翰·詹姆斯·普拉特

Pliny the Elder　老普林尼

Pliny the Younger　小普林尼

Poland: Silesia (former German province)　波兰：西里西亚省（历史上曾隶属于德国）

Pollan, Michael　迈克尔·波伦

Pomona (goddess)　波摩娜（女神）

Pope, Alexander　亚历山大·蒲柏

Portugal: Abrantes; Mouchão　葡萄牙：阿布兰特什；摩查

Preece, John　约翰·普里斯

Prestele, Joseph　约瑟夫·普雷斯特尔

Prince, William (nurseryman)　威廉·普林斯（苗圃园丁）

Puabi (Mesopotamian queen)　普阿比（美索不达米亚文明时期王后）

Qatar　卡塔尔

Quetzalcoatl (Aztec god)　羽蛇神（阿兹特克文明中的神祇）

Quintilian (Roman orator)　昆体良（罗马演说家）

Rathnayake, Abeyrathne　阿贝拉特纳·拉特纳亚克

Redi, Francesco　弗朗切斯科·雷迪

Rée, Paul　保罗·雷埃

Renenutet (Egyptian goddess)　列涅努忒（埃及神话中的女神）

Renoir, Jean　让·雷诺阿

Renoir, Pierre-Auguste　皮埃尔-奥古斯特·雷诺阿

Rhine (river)　莱茵（河）

Rilke, Rainer Maria　赖纳·马利亚·里尔克

Rome　罗马

Romulus and Remus　罗慕路斯和雷穆斯

Rosellini, Ippolito　伊波利托·罗西里尼

Rosenblum, Mort　莫特·罗森布拉姆

Roth, Philip　菲利普·罗斯

Rousseau, Jean-Jacques　让-雅克·卢梭

Russia: Kursk; Topolyevka　俄罗斯：库尔斯克；托波列夫卡

Sackville-West, Vita　薇塔·萨克维尔-韦斯特

Salazar, Francisco Cervantes de　弗朗西斯科·塞万提斯·德·萨拉萨尔

Salisbury, William　威廉·索尔兹伯里

San Marino　圣马力诺

"天际线"丛书已出书目

云彩收集者手册

杂草的故事（典藏版）

明亮的泥土：颜料发明史

鸟类的天赋

水的密码

望向星空深处

疫苗竞赛：人类对抗疾病的代价

鸟鸣时节：英国鸟类年记

寻蜂记：一位昆虫学家的环球旅行

大卫·爱登堡自然行记（第一辑）

三江源国家公园自然图鉴

浮动的海岸：一部白令海峡的环境史

时间杂谈

无敌蝇家：双翅目昆虫的成功秘籍

卵石之书

鸟类的行为

豆子的历史

果园小史

怎样理解一只鸟

天气的秘密

图书在版编目（CIP）数据

果园小史 ／（德）贝恩德·布鲁内尔著 ；肖舒译. 一南京：
译林出版社，2023.8
（"天际线"丛书）
书名原文：Taming Fruit: How Orchards Have
Transformed the Land, Offered Sanctuary, and
Inspired Creativity
ISBN 978-7-5447-9696-5

I.①果… II.①贝… ②肖… III.①果树园艺－普
及读物IV. ①S66-49

中国国家版本馆 CIP 数据核字（2023）第071659号

*Taming Fruit: How Orchards Have Transformed the Land,
Offered Sanctuary, and Inspired Creativity*
Copyright © Bernd Brunner, 2021
First published by Greystone Books Ltd.
343 Railway Street, Stuite 302, Vancouver, B.C. V6A 1A4, Canada
Simplified Chinese edition copyright © 2023 by Yilin Press, Ltd
All rights reserved.

著作权合同登记号　图字：10-2021-426 号

果园小史 [德国] 贝恩德·布鲁内尔／著　肖　舒／译

责任编辑　　许　丹
装帧设计　　韦　枫
内文制作　　陆　莹
校　　对　　戴小娥　王　敏
责任印制　　董　虎

原文出版　　Greystone Books, 2021
出版发行　　译林出版社
地　　址　　南京市湖南路 1 号 A 楼
邮　　箱　　yilin@yilin.com
网　　址　　www.yilin.com
市场热线　　025-86633278
印　　刷　　南京爱德印刷有限公司
开　　本　　718 毫米 ×1000 毫米 1/16
印　　张　　20.5
插　　页　　4
版　　次　　2023 年 8 月第 1 版
印　　次　　2023 年 8 月第 1 次印刷
书　　号　　ISBN 978-7-5447-9696-5
定　　价　　128.00 元